LES

CONNAISSANCES MATHÉMATIQUES

DE

JACQUES CASANOVA DE SEINGALT

PAR

M. CHARLES HENRY

EXTRAIT DU *BULLETTINO DI BIBLIOGRAFIA E DI STORIA DELLE SCIENZE MATEMATICHE E FISICHE*
TOMO XV. — NOVEMBRE 1882.

ROME
IMPRIMERIE DES SCIENCES MATHÉMATIQUES ET PHYSIQUES
Via Lata, N° 3.
1883

A MONSIEUR ÉMILE CAMPARDON

TÉMOIGNAGE DE RESPECTUEUSE SYMPATHIE.

LES CONNAISSANCES MATHÉMATIQUES
DE JACQUES CASANOVA DE SEINGALT

Jean Jacques Casanova de Seingalt (1) est né, d'après son propre témoigna-

(1) Sur la vie et les écrits de Jean Jacques Casanova on peut citer les ouvrages et articles suivants :

1. Ses MÉMOIRES dont on a les éditions suivantes :

MÉMOIRES ‖ DU VENITIEN ‖ J. CASANOVA ‖ DE SEINGALT, ‖ EXTRAITS DE SES MANUSCRITS ORIGINAUX; ‖ PUBLIÉS EN ALLEMAGNE ‖ PAR G. DE SCHUTZ. ‖ PARIS, ‖ TOURNACHON-MOLIN, LIBRAIRE, ‖ RUE SAINT-ANDRÉ-DES-ARTS, N° 45. ‖ 1825—1829 (IMPRIMERIE DE A. HENRY, ‖ Rue Gît-le-Cœur, n° 8). 14 volumes, petit in 8.° — MÉMOIRES ‖ DE ‖ J. CASANOVA ‖ DE SEINGALT ‖ ÉCRITS PAR LUI-MÊME. ‖ ÉDITION ORIGINALE. ‖ LEIPSIC, F. A. BROCKHAUS. ‖ PARIS, PONTHIEU et COMP. ‖ PALAIS ROYAL, GALERIE DE BOIS. ‖ 1826—1838. 12 volumes, in 12.° — MÉMOIRES ‖ DE ‖ JACQUES CASANOVA ‖ DE SEINGALT, ‖ ÉCRITS PAR LUI-MÊME. ‖ *Edition originale, la seule complète.* ‖ PARIS. ‖ PAULIN, LIBRAIRE-ÉDITEUR, ‖ RUE DE SEINE, 33. ‖ 1833—1837. (TOMES I—IX.) — TOME X. ‖ PARIS. ‖ CHEZ E.-B. DELANCHY, IMPRIMEUR, ‖ RUE DU FAUBOURG-MONTMARTRE, 11. ‖ 1837. (TOME I: IMPRIMERIE DE AUG. MIE, ‖ Rue Joquelet, n. 9. — TOME II: IMPRIMERIE DE AUG. AUFRAY, ‖ PASSAGE DU CAIRE, N.° 54. — TOMES III—VIII: IMPRIMERIE DE DEZAUCHE, ‖ Faub. Montmartre n° 11. — TOME IX: IMPRIMERIE GRÉGOIRE ET COMPAGNIE, ‖ RUE DU CROISSANT, 16. — TOME X: IMPRIMERIE DE E.-B. DELANCHY, ‖ Faub. Montmartre, n° 11). 10 volumes, in-8°. — MÉMOIRES ‖ DE ‖ JACQUES CASANOVA ‖ DE SEINGALT, ‖ ÉCRITS PAR LUI-MÊME, ‖ ÉDITION ORIGINALE, LA SEULE COMPLÈTE. ‖ Bruxelles. ‖ J. P. MELINE, LIBRAIRE-ÉDITEUR ‖ 1833 (IMPRIMERIE DE VANDERBORGHT FILS, ‖ FOSSÉS-AUX-LOUPS, N° 17. 10 volumes, in 12.° — MÉMOIRES ‖ DE ‖ JACQUES CASANOVA ‖ DE SEINGALT, ‖ ÉCRITS PAR LUI MÊME. ‖ Édition originale, la seule complète. ‖ BRUXELLES, ‖ J. ROZEZ, LIBRAIRE-ÉDITEUR, ‖ 87, RUE DE LA MADELEINE. ‖ 1871. (TYP. MÉCAN. ET STÉRÉOTYPIE DE CH. ET A. VANDERAUWERA ‖ Rue de la Sablonnière, 8, à Bruxelles) 6 volumes, petit in-8.° — MÉMOIRES ‖ DE ‖ JACQUES CASANOVA ‖ DE SEINGALT, ‖ ÉCRITS PAR LUI MÊME ‖ Edition originale, la seule complète ‖ BRUXELLES ‖ J. ROZEZ, LIBRAIRE ÉDITEUR ‖ 81, RUE DE LA MADELEINE, 81. ‖ 1879. 6 volumes in 8.° — MÉMOIRES ‖ DE ‖ J. CASANOVA ‖ DE SEINGALT ‖ ÉCRITS PAR LUI-MÊME ‖ SUIVIS DE ‖ FRAGMENTS DES MÉMOIRES DU PRINCE DE LIGNE ‖ NOUVELLE ÉDITION ‖ COLLATIONNÉE SUR L'ÉDITION ORIGINALE DE LEIPSICK ‖ PARIS ‖ GARNIER FRÈRES, LIBRAIRES-ÉDITEURS ‖ rue des Saints-Pères 6, 24 888 — PARIS, TYPOGRAPHIE A. LAHURE ‖ Rue de Fleurus, 9) 8 volumes, grand in-8° et petit in-8.°, sans date, mais de 1880. On a aussi de ces « MÉMOIRES », une traduction allemande intitulée « Aus ‖ den Memoiren ‖ des ‖ Venetianers ‖ Jacob Casanova de Sein- » galt, ‖ oder ‖ sein Leben, ‖ wie er es zu Dux in Böhmen wiederschrieb. ‖ Nach ‖ dem Original = » Manuscript bearbeitet ‖ von ‖ Wilhelm von Schütz. ‖ Leipzig: ‖ F. A. Brockhaus. ‖ 1822—1828. 12 volumes in 8.°

2. LA FRANCE ‖ LITTÉRAIRE, ‖ OU ‖ DICTIONNAIRE BIBLIOGRAPHIQUE. etc. ‖ PAR J.-M. QUÉRARD ‖ TOME SECOND. ‖ PARIS, ‖ CHEZ FIRMIN DIDOT, PÈRE ET FILS, LIBRAIRES, ‖ RUE JACOB, N° 24. ‖ MDCCCXXVIII, page 68, col. 1, lig. 41—56, page 69, col. 1, lig. 1—20.

3. Un article publié dans le volume intitulé « BIOGRAFIA ‖ DEGLI ITALIANI ILLUSTRI ‖ NELLE » SCIENZE, LETTERE ED ARTI ‖ DEL SECOLO XVIII, E DE' CONTEMPORANEI ‖ COMPILATA ‖ DA LETTE- » RATI ITALIANI ‖ DI OGNI PROVINCIA ‖ E PUBBLICATA PER CURA DEL PROFESSORE ‖ EMILIO DE TIPALDO ‖ » VOLUME SECONDO ‖ VENEZIA ‖ DALLA TIPOGRAFIA DI ALVISOPOLI ‖ MDCCCXXXV » (page 385, col. 1, lig. 13—49, col. 2, pages 386—397, page 398, col. 1, lig. 1—33) signé (BIOGRAFIA ‖ DEGLI ITALIANI ILLUSTRI ‖ NELLE SCIENZE. LETTERE ED ARTI, etc. VOLUME SECONDO, ecc., page 398, col. 1, lig. 33): « B. GAMBA », dont on a aussi un tirage à part de 16 pages, in 8°, intitulé dans sa première page:

ge confirmé par le registre manuscrit des baptèmes de l'église San-Ste-

---

» BIOGRAFIA || DI || GIO. GIACOMO CASANOVA || SCRITTA DA || BARTOLOMEO GAMBA || ED INSERITA NEL » VOLUME SECONDO || DELLA || *Biografia degli Italiani Illustri del Secolo* XVIII *e* || *de'Contempora-» nei, pubblicata per cura del Professore* || *Emilio de Tipaldo, in Venezia Tipografia di Alviso-* || » *poli*, 1835 », et dont un exemplaire est possédé par la Bibliothèque Marciana de Venise (Miscellanea n° 224).

4. Article publié dans le Supplément de la BIOGRAPHIE UNIVERSELLE de Michaud (BIOGRAPHIE || UNIVERSELLE || ANCIENNE ET MODERNE || SUPPLÉMENT, || OU || SUITE DE L'HISTOIRE, PAR ORDRE ALPHABÉTIQUE, DE LA VIE PUBLIQUE || ET PRIVÉE DE TOUS LES HOMMES QUI SE SONT FAIT REMARQUER PAR || LEURS ÉCRITS, LEURS ACTIONS, LEURS TALENTS, LEURS VERTUS OU || LEURS CRIMES. || OUVRAGE ENTIÈREMENT NEUF, || RÉDIGÉ PAR UNE SOCIÉTÉ DE GENS DE LETTRES ET DE SAVANTS || TOME SOIXANTIÈME || A PARIS, || CHEZ L.-G. MICHAUD, LIBRAIRE-ÉDITEUR, || RUE RICHELIEU, N.° 67. || 1836, page 256, col. 1, lig. 42—46, col. 2, pages 257—261, page 262, col. 1, col. 2, lig. 1—25). — BIOGRAPHIE || UNIVERSELLE || ANCIENNE ET MODERNE, etc. Publiée sous la direction de M. Michaud ; || REVUE, CORRIGÉE, ET CONSIDÉRABLEMENT AUGMENTÉE D'ARTICLES OMIS OU NOUVEAUX ; || OUVRAGE RÉDIGÉ || PAR UNE SOCIÉTÉ DE GENS DE LETTRES ET DE SAVANTS || TOME SEPTIÈME. || PARIS, || A. THOISNIER DESPLACES, ÉDITEUR, || RUE DE L'ABBAYE, 14; || MICHAUD, RUE DU HASARD, 13. || 1844, page 97, col. 2, lig. 56—62, page 98—100, page 101, col. 1, lig. 1—27. — BIOGRAFIA || UNIVERSALE || ANTICA E MODERNA || SUPPLIMENTO, || OSSIA || CONTINUAZIONE DELLA STORIA PER ALFABETO DELLA VITA PUBLICA E PRIVATA || DI TUTTE LE PERSONE CH'EBBER FAMA PER AZIONI, SCRITTI, INGEGNO, || VIRTU' O DELITTI, || OPERA AFFATTO NUOVA || COMPILATA IN FRANCIA DA UNA SOCIETA' DI DOTTI || E PER LA PRIMA VOLTA RECATA IN ITALIANO || VOLUME IV. || VENEZIA || PRESSO GIAMBATTISTA MISSIAGLIA || MDCCCXXXIX || DALLA TIPOGRAFIA DI ALVISOPOLI, page 569, col. 1, lig. 39—47, col. 2, pages 570—574, page 575, col. 1, col. 2, lin. 1—20), article signé (BIOGRAPHIE || UNIVERSELLE, etc. TOME SOIXANTIÈME, etc., page 262, col. 2, lig. 24. — BIOGRAPHIE || UNIVERSELLE || ANCIENNE ET MODERNE, etc. NOUVELLE ÉDITION, etc. TOME SEPTIÈME, etc., page 101, col. 1, lig. 27. — BIOGRAFIA || UNIVERSALE || ANTICA E MODERNA || SUPPLIMENTO, etc. VOLUME IV, etc., page 575, col. 2, lig. 20) : « B—P », c'est-à-dire (BIOGRAPHIE || UNIVERSELLE, etc. TOME SOIXANTIÈME, etc., page 5e, col. 1, lig. 12) : « DE BEAUCHAMP », ou (BIOGRAPHIE || UNIVERSELLE || ANCIENNE ET MODERNE, etc. NOUVELLE ÉDITION, etc. TOME SEPTIÈME, etc., page 703, col. 1, lig. 18) : « BEAUCHAMP », qui dans la traduction italienne est suivi d'une addition importante (BIOGRAFIA || UNIVERSALE || ANTICA E MODERNA || SUPPLIMENTO, etc. VOLUME IV, etc., page 575, col. 2, lig. 21—47, pages 576—578, page 579, col. 1, lig. 1—16), signée (BIOGRAFIA || UNIVERSALE || ANTICA E MODERNA || SUPPLIMENTO, etc. VOLUME IV, etc., page 579, col. 1, lig. 16) : « B. GAMBA ».

5. Articles « Casanova de Seingalt Jean Jak » dans les éditions 10e, 11e, et 12e du « Conversations Lexikon » de Brockhaus (Allgemeine deutsche || Real-Encyklopädie || für || die gebildeten Stände || Conversations-Lexikon || Zehnte, || verbesserte und vermehrte Auflage || In funfzehn Bänden. || Dritter Band. || Blutgeld bis Cevallos. || Leipzig. || F. A. Brockhaus. || 1851, page 688, lig. 30—57, page 689, lig. 1—47. — Allgemeine deutsche || Real-Encyklopädie || für || die gebildeten Stände || Conversations=Lexikon || Elfte. || umgearbeitete, verbesserte und vermehrte Auflage. || In funfzehn Bänden || Vierter Band || Cabral bis Dampfschiff. || Leipzig ; || F. A. Brockhaus || 1865, page 186, lig. 39—57, page 187. — Conversations-Lexikon || Allgemeine deutsche || Real-Encylopædie || Zwölfte || umgearbeitete, verbesserte und vermehrte Auflage. || In funfzehn Bänden. || Vierter Band || Brunnen bis Cortez. || Leipzig. || F. A. Brockhaus. || 1876, page 372, lig. 7—49, page 373, lig. 1—13).

6. Article publié dans la NOUVELLE BIOGRAPHIE GÉNÉRALE de MM. Firmin Didot (NOUVELLE || BIOGRAPHIE GÉNÉRALE || DEPUIS || LES || TEMPS LES PLUS RECULÉS || JUSQU'A NOS JOURS || AVEC LES RENSEIGNEMENTS BIBLIOGRAPHIQUES || ET L'INDICATION DES SOURCES A CONSULTER ; || PUBLIÉE PAR || MM. FIRMIN DIDOT FRÈRES, || SOUS LA DIRECTION || DE M. LE Dr HOEFER || Tome Huitième. || PARIS, || FIRMIN DIDOT FRÈRES ÉDITEURS, || IMPRIMEURS-LIBRAIRES DE L'INSTITUT DE FRANCE. || RUE JACOB, 56. || M DCCC LIV, col. 938, lig. 58—64, col. 938—946, col. 947, lig. 1), signé (NOUVELLE || BIOGRAPHIE GÉNÉRALE, etc. Tome Huitième, etc., col. 946, lig. 60) : « GUSTAVE DESNOIRESTERRES ».

7. Article « Casanova (Jean Jacques) » dans le volume intitulé « Biographisches Lexikon || des || Kai-» serthums Oesterreich, || enthaltend || die Lebenskizzen der denkwürdigen Personen, welche 1750 » bis 1850 || im Kaiserstaate und in seinen Kronländern gelebt haben. || Von || Dr. Constant v. Wurz-» bach. || Zweiter Theil. || Bninski-Cordova). || (Mit Vorbehalt der Uebersetzung in fremde Sprachen

fano (1), le 2 avril 1725, à Venise, de Gaëtan-Joseph-Jacques Casanova et de Zanetta

» und Verwahrung gegen unrechtmässigen Nachdruck). || Wien, 1857. || Verlag der typographisch-» literarisch-artistischen Anstalt. || (L. C. Zamarski, C. Dittmarsch & Comp.) » (page 297, col. 1, lig. 25—50, pages 298—300, page 301, col. 1, lig. 1—32).

8. Deux articles de M. D'Ancona publiés dans la NUOVA ANTOLOGIA en 1882 (NUOVA || ANTOLOGIA || DI || SCIENZE, LETTERE ED ARTI || SECONDA SERIE || VOLUME TRENTUNESIMO || DELLA RACCOLTA VOLUME LXI || ROMA || DIREZIONE DELLA NUOVA ANTOLOGIA. || Via del Corso, N. 466 || 1882, pages 385—428, Fascicolo III—1° Febbraio 1882. — NUOVA || ANTOLOGIA || DI || SCIENZE, LETTERE ED ARTI || SECONDA SERIE || VOLUME TRENTESIMOQUARTO || DELLA RACCOLTA VOLUME LXIV || ROMA || DIREZIONE DELLA NUOVA ANTOLOGIA || Via del Corso, N. 466 || 1882, pages 423—453. Fascicolo XV — 1 Agosto 1882), et dont le premier est intitulé (NUOVA || ANTOLOGIA || DI || SCIENZE, LETTERE ED ARTI || SECONDA SERIE || VOLUME TRENTUNESIMO || DELLA RACCOLTA VOLUME LXI, etc., page 385, lig. 1—2) « UN AVVENTURIERE DEL SECOLO XVIII || GIACOMO CASANOVA E LE SUE MEMORIE », et signé (NUOVA || ANTOLOGIA || DI || SCIENZE, LETTERE ED ARTI || SECONDA SERIE || VOLUME TRENTUNESIMO || DELLA RACCOLTA VOLUME LXI, etc., page 428, lig. 10) : « ALESSANDRO D'ANCONA » : et le second intitulé (NUOVA || » ANTOLOGIA || DI || SCIENZE, LETTERE ED ARTI || SECONDA SERIE || VOLUME TRENTESIMOQUARTO || DELLA RACCOLTA VOLUME LXIV, etc., page 423, lig. 1—2) « UN AVVENTURIERE DEL SECOLO XVIII || Gia-» como Casanova e le sue Memorie », est signé (NUOVA || ANTOLOGIA || DI || SCIENZE, LETTERE ED ARTI || SECONDA SERIE || VOLUME TRENTESIMOQUARTO || DELLA RACCOLTA VOLUME LXIV, etc., page 453, lig. 25) : « ALESSANDRO D'ANCONA ».

9. Un travail de M. Armand Baschet publié dans les livraisons de janvier, février, avril, mai 1881 du recueil intitulé « LE LIVRE » (Le || Livre || REVUE MENSUELLE || BIBLIOGRAPHIE RÉTROSPECTIVE. || DEUXIÈME ANNÉE || PARIS || A. QUANTIN, IMPRIMEUR-ÉDITEUR, || 7, RUE SAINT-BENOIT, 7 || 1881, pages 11—24, 42—54, 105—113, 135—146) intitulé (Le || Livre || REVUE MENSUELLE || BIBLIOGRAPHIE RÉTROSPECTIVE. || DEUXIÈME ANNÉE, etc., page 11, lig. 1—4, page 42, lig. 1—4, page 105, lig. 1—4, page 135, lig. 3—6) « PREUVES || CURIEUSES || DE L'AUTHENTICITÉ DES || *MÉMOIRES* DE JACQUES CA-» SANOVA DE SEINGALT || D'APRÈS DES RECHERCHES EN DIVERSES ARCHIVES », et signé (Le || Livre || REVUE MENSUELLE || BIBLIOGRAPHIE RÉTROSPECTIVE. || DEUXIÈME ANNÉE, etc., page 24, lig. 44, page 54, lig. 41, page 113, lig. 20, page 146, lig. 18) : « ARMAND BASCHET ».

10. « NOTICE || SUR CASANOVA DE SEINGALT || ET SES MÉMOIRES » (MÉMOIRES || DE || J. CASANOVA || DE SEINGALT || ÉCRITS PAR LUI-MÊME. || SUIVIS DE || FRAGMENTS DES MÉMOIRES DU PRINCE DE LIGNE || NOUVELLE ÉDITION || COLLATIONNÉE SUR L'ÉDITION ORIGINALE DE LEIPSICK || TOME PREMIER. || PARIS || GARNIER FRÈRES, LIBRAIRES-ÉDITEURS. || 6, RUE DES SAINTS-PÈRES 6, pages I—XVII). — On trouve aussi des renseignements sur les MÉMOIRES, et sur d'autres ouvrages de Jacques Casanova dans le volume intitulé « Friedrich Arnold Brockhaus, || Sein Leben und Wirken || nach Briefen und andern » Aufzichnungen geschildert || von || seinem Enkel || Heinrich Eduard Brockhaus, || Zweiter Theil. || » Leipzig : || F. A. Brockhaus. || 1876 » (pages 336—343, page 344, lig. 1—17).

(1) Dans l'édition de 1826—1838 de ses MÉMOIRES on lit (MÉMOIRES || DE || J. CASANOVA || DE SEINGALT || ÉCRITS PAR LUI-MÊME. || ÉDITION ORIGINALE. || TOME PREMIER || LEIPSIC, F. A. BROCKHAUS. || PARIS, PONTHIEU et COMP. || PALAIS ROYAL, GALERIE DE BOIS. || 1826, page 27, lig. 9—27, page 28, lig. 1—9) :

« Gaëtan-Joseph-Jacques quitta sa famille, épris » des charmes d'une actrice, nommée Fragoletta, qui » jouait les rôles de soubrette. Amoureux et n'ayant » pas de quoi vivre, il se détermina à gagner sa vie » en tirant parti de sa propre personne. Il s'adonna » à la danse, et, cinq ans après, il joua la comédie, » se distinguant par ses mœurs, plus encore que par » son talent.

» Soit par inconstance, soit par des motifs de » jalousie, il quitta la Fragoletta et entra à Venise » dans une troupe de comédiens qui jouait sur le » théâtre de Saint-Samuel. Vis-à-vis de la maison » où il logeait, demeurait un cordonnier, nommé *Jérome* Farusi, avec sa femme Marzia et Zanetta leur » fille unique, beauté parfaite, âgée de seize ans. » Le jeune comédien devint amoureux de cette fille, » sut la rendre sensible et la disposer à se laisser » enlever. C'était le seul moyen de la posséder, car, » comédien, il ne l'aurait jamais obtenue de Marzia, » bien moins encore de *Jérome*, aux yeux desquels » un comédien était un personnage abominable. Les » jeunes amans, pourvus des certificats nécessaires » et accompagnés de deux témoins, allèrent se présenter au patriarche de Venise, qui leur donna la » bénédiction nuptiale. Marzia, la mère de Zanetta, » jeta les hauts-cris, et le père mourut de chagrin. » *Je suis né de ce mariage au bout de neuf mois, le* » 2 avril 1725. »

Ce passage se retrouve identiquement dans chacune des éditions de 1833 (MÉMOIRES || DE || JACQUES CASANOVA || DE SEINGALT, || ÉCRITS PAR LUI-MÊME. || Edition originale, la seule complète. || TOME I. ||

Farnsi; d'après MM. E. Brockhaus, Baschet et d'Ancona (1), il est mort au châ-

---

PARIS, || PAULIN, LIBRAIRE ÉDITEUR, || PLACE DE LA BOURSE, || 1833, page 23, lig. 13—29, page 24, lig. 1—11. — MÉMOIRES || DE || JACQUES CASANOVA || DE SEINGALT, || ÉCRITS PAR LUI-MÊME. ÉDITION ORIGINALE, LA SEULE COMPLÈTE. || TOME I. || Bruxelles. || J. P. MELINE, LIBRAIRE-ÉDITEUR || 1833), de 1871 (MÉMOIRES || DE || JACQUES CASANOVA || DE SEINGALT, || ÉCRITS PAR LUI-MEME. || Édition originale, la seule complète. || TOME I. || BRUXELLES, || J. ROZEZ LIBRAIRE-ÉDITEUR, || 87, RUE DE LA MADELEINE. || 1871, page 18, lig. 20—30, page 19, lig. 1—13), de 1879 (MÉMOIRES || DE || JACQUES CASANOVA || DE SEINGALT, || ÉCRITS PAR LUI-MÊME. || Edition originale, la seule complète. || TOME I. || BRUXELLES || J. ROZEZ, LIBRAIRE-ÉDITEUR, || 81, RUE DE LA MADELEINE, 81, || 1879, page 18, lig. 28—38, page 19, lig. 1—13), de 1880 (MÉMOIRES || DE || J. CASANOVA || DE SEINGALT || ÉCRITS PAR LUI-MÊME || SUIVIS DE || FRAGMENTS DES MÉMOIRES DU PRINCE DE LIGNE || NOUVELLE ÉDITION || COLLATIONNÉE SUR L'EDITION ORIGINALE DE LEIPSICK || TOME PREMIER || PARIS || GARNIER FRÈRES, LIBRAIRES-ÉDITEURS || 6, RUE DES SAINTS-PÈRES 6, page 20, lig. 32—34, page 21, lig. 1—22), et avec quelque différence dans celle de 1825 qui est une retraduction française de la traduction allemande de Schütz (MÉMOIRES || DU VÉNITIEN || J. CASANOVA || DE SEINGALT, || EXTRAITS DE SES MANUSCRITS ORIGINAUX; || PUBLIÉS EN ALLEMAGNE || PAR G. DE SCHUTZ. || TOME PREMIER. || PARIS, || TOURNACHON-MOLIN, LIBRAIRE, || RUE SAINT-ANDRÉ-DES-ARTS, N° 45 || 1825, page 5, lig. 19—21, page 6, page 7, lig. 1—3).

Dans les archives parroissiales de l'église de Saint-Étienne (Santo Stefano) de Venise on trouve un registre manuscrit des baptêmes depuis l'année 1680 jusqu'à l'année 1732, ayant appartenu jusqu' en 1810 à l' église parroissiale de Saint Samuel de la même ville. Dans les lignes 33—38 du *recto* du feuillet numéroté 214 de ce manuscrit on lit:

« Adì 5. Aprile 1725.
» Giacomo Girolamo fig.° di D. Caietano Giuseppe Casa
» nova del q. Giac.° Parmegiano Comico, et di D.ª Giovanna
» Maria, giugali, nato li 2 Corr.te battezzato da P. Gio. Batta
» Tosello Sacerd.e di Chiesa de lic.ª P. Comp.e il Signor Angelo Filosi
» q.m Bartolomio sta a S. Salvator. Lev.e Regina Salvi. »

On voit par ce passage que Jacques Casanova naquit à Venise le 2 avril 1725 des époux Gaëtan-Joseph et de Jeanne-Marie, dont le nom de famille n'est pas indiqué.

Ce manuscrit est in folio oblong, composé de 378 feuillets, dont les 1er, 2e, 277e—378e ne sont pas numérotés, et les autres sont numérotés dans les marges supérieures des *recto* 1—274. Il est relié en carton couvert intérieurement de papier blanc et extérieurement en cuir noir, avec une étiquette en peau fauve collée sur le dos dans laquelle est imprimé en or: « BATTESIMI || DAL- » L'1680 || SINO ALL'1732 INC. » Dans la partie inférieure de ce dos est aussi imprimé en or: « N. 4. » Sur le *recto* de la première couverture est collée une liste de papier blanc, dans laquelle est écrit: « Battesimi || Libro XV ».

(1) Dans le volume intitulé « Friedrich Arnold Brockhaus. || Sein Leben und Wirken || nach » Briefen und andern Aufzichnungen geschildert || von || seinem Enkel || Heinrich Eduard Brockhaus || » Zweiter Theil || Leipzig: || F. A. Brockhaus || 1876 », etc. (page 340, lig. 15—19) on lit:

« Nur noch einmal, einige
» Jahre vor seinem am 4. Juni 1798 erfolgten Tode (wahrscheinlich
» 1793), hatte es ihn wieder in die Welt hinausgetrieben, doch war
» er schon nach sechswöchentlicher Reise, auf der er auch nach Weimar
» und Berlin Kam, wieder nach Dux zurückgekehrt ».

M. Baschet dit (Le || Livre || REVUE MENSUELLE || BIBLIOGRAPHIE RÉTROSPECTIVE || DEUXIÈME ANNÉE, || etc., page 135, lig. 9—11, Mai 1881):

« Giacomo Casanova mourut à Dux, en Bo-
» hême, le 4 juin 1798. Il avait soixante-dix-
» huit ans. »

M. D'Ancona donne la même date à la mort de Jacques Casanova en écrivant (NUOVA || ANTOLOGIA || DI || SCIENZE, LETTERE ED ARTI || SECONDA SERIE || VOLUME TRENTUNESIMO || DELLA RACCOLTA VOLUME LIX, etc., page 392, lig. 15—20, 29—39):

« Il 4 giugno del 1798[2] Giacomo Casanova moriva di settan-
» totto anni nel castello di Dux in Boemia: in quel castello, illu-
» strato nel secolo XVII dal nome del Duca di Friedland che lo
» possedè, e nel XIX dall'esservisi accolti nel 1813 i sovrani al-
» leati attendendo l'esito delle battaglie germaniche contro Napo-
» leone.

» 2 Tale è la data riferita dal BASCHET, *op. cit.* §. XII, togliendola da H.
» E. BROCKHAUS, *Leben u. Werk. d. Fr. Arn. Brockhaus*, Leipzig, 1872. Altri
» erroneamente lo fecero morire nel 1803, e tra questi il GAMBA, che fra gli ita-
» liani almeno, è quello che del Casanova seppe più e meglio scrisse in (TI-
» PALDO, *Biografie degli illustri italiani del secolo XVIII*, Venezia, 1835, II,
» 398): altri nel 1805, confondendolo col fratello Francesco, celebre pittore
» di battaglie, morto effettivamente a Bruhl presso Vienna in codest'anno:
» altri perfino nell'1811 ».

teau de Dux, bourg d'Oberleitendorff, en Bohème, le 4 juin 1798 (1).

Casanova fit ses premières études à Padoue. Il dit avoir été reçu à seize ans docteur en droit « ex utroque jure », ayant eu pour thèse au civil: *de testamentis*, et dans le droit canon: *utrum Hebraei possint construere novas synagogas* (2). Il prend encore la qualité de docteur en droit sur le frontispice d'un rarissime et curieux ouvrage possédé par la Bibliothèque de Dresde (3) et qui a échappé jusqu'à ce jour aux bibliographes. Plusieurs fois il revient sur cette qualité dans le cours du livre (4). Cependant M. A. Favaro, qui a bien

---

C'est par erreur que Gamba (BIOGRAFIA || DEGLI ITALIANI ILLUSTRI || NELLE SCIENZE, LETTERE ED ARTI, ecc. VOLUME SECONDO, etc., page 394, col. 1, lig. 8—10) et M. de Beauchamp (BIOGRAPHIE || UNIVERSELLE || ANCIENNE ET MODERNE || SUPPLÉMENT, etc. TOME SOIXANTIÈME, etc. page 258, col. 2, lig. 30—35. — BIOGRAPHIE || UNIVERSELLE || ANCIENNE ET MODERNE, etc. NOUVELLE ÉDITION, etc. TOME SEPTIÈME, etc., page 97, col. 1, lig. 26—30. — BIOGRAFIA || UNIVERSALE || ANTICA E MODERNA || SUPPLEMENTO, etc. VOLUME IV, etc., page 571, col. 2, lig. 29—31) le font mourir en 1803. M. Desnoiresterres (NOUVELLE || BIOGRAPHIE GÉNÉRALE, etc. Tome Huitième, etc., col. 946, lig. 30—33) et la « NOTICE || SUR CASANOVA DE SEINGALT || ET SES MÉMOIRES » (MÉMOIRES || DE || J. CASANOVA || DE SEINGALT, etc. NOUVELLE ÉDITION, etc. TOME PREMIER, etc., page XIII, lig. 18—21) disent qu'on ne sait pas s'il mourut en 1799, ou en 1803.

(1) Cette date serait inexacte, s'il fallait ajouter foi à l'article suivant d'un catalogue d'une vente d'autographes du 20 Mai 1878 :

> « 34. Casanova (Jacques), fameux aventurier, auteur de *Mé-*
> » *moires*, n. 1730, m. 1005. (*sic*).
> » L. a. s., en français: Bilel, 18 *fév.* 1803, 1 p. in-4.
> » Belle et rare pièce. »

D'après cet article Casanova aurait encore vécu le 18 février 1803.

(2) On lit en effet dans l'éditiou de 1826—1838 de ses MEMOIRES. (MÉMOIRES || DE || J. CASANOVA || DE SEINGALT, || ÉCRITS PAR LUI-MÊME || ÉDITION ORIGINALE. || TOME PREMIER, etc., page 104, lig. 18—26) :

> « Après ce temps, je passai encore un an à Pa-
> » doue, occupé à étudier les droits, dont je fus reçu
> » docteur à l'âge de seize ans, ayant eu pour thèse,
> » dans le civil, *de testamentis* *) et, dans le droit
> » canon, *utrum Hebraei possint construere novas*
> » *synagogas*. **)
> » *) Des testamens.
> » **) Si les Hébreux peuvent construire de nouvelles
> » synagogues. »

Ce passage des MÉMOIRES de Casanova se retrouve identique dans les éditions de 1833, 1871 et 1880 de cet ouvrage (MÉMOIRES || DE || JACQUES CASANOVA || DE SEINGALT || ÉCRITS PAR LUI MEME. || Edition originale, la seule complète, || TOME I., ecc., pag. 96, lig. 4—9, 27—29). — MÉMOIRES || DE || JACQUES CASANOVA || DE SEINGALT, || ÉCRITS PAR LUI-MEME. || Edition originale la seule complète. || TOME I. || BRUXELLES, || J. ROZEZ, LIBRAIRE-ÉDITEUR, || 87, RUE DE LA MADELEINE || 1871, page 65, lig. 34—36, page 66, lig. 1—2. — MÉMOIRES || DE || JACQUES CASANOVA || DE SEINGALT, || ÉCRITS PAR LUI MEME. || Edition originale, la seule complète. TOME I. || etc. 1879, page 65, lig. 34—36, et page 66, lig. 1—2. — MÉMOIRES || DE || J. CASANOVA || DE SEINGALT || ÉCRITS PAR LUI-MEME || SUIVIS DE || FRAGMENTS DES MÉMOIRES || DU PRINCE DE LIGNE || NOUVELLE ÉDITION || COLLATIONNÉE SUR L'EDITION ORIGINALE DE LEIPSICK || TOME PREMIER || PARIS || GARNIER FRÈRES, LIBRAIRES ÉDITEURS || 6, RUE DES SAINTS-PÈRES 6, page 75, lig. 15—19, 31—32), et avec quelquediversité dans l'édition de 1825.

(3) Cet opuscule, dont la Bibliothèque royale de Dresde possède un exemplaire coté « Lingu. Gall. » 439 », est intitulé: « A || LEONARD || SNETLAGE, || *DOCTEUR EN DROIT DE L'UNI-||VERSITÉ DE GOET-* » *TINGUE*, || JACQUES CASANOVA, || *DOCTEUR EN DROIT DE L'UNIVERSITÉ DE PADOUE.* || 1797 », et composé de 70 feuillets, c'est à dire de 140 pages, dont les 1ère—5e ne sont pas numérotées et les autres sont numérotées 6—140, reliées avec 4 feuillets de garde, dont deux précèdent ces 70 feuillets, et deux les suivent en formant ainsi un volume de 74 feuillets relié en maroquin, avec ornémements d'or. La signature « Ling. Gall. 439 » se trouve sur une bande de papier bleu fixée sur la première couverture en bas.

(4) Dans l'opuscule intitulé « A || LEONARD SNETLAGE || *DOCTEUR EN DROIT* », etc. (page 5ème, non numérotée, lignes 1—4) on lit :

> « PRÉFACE.
> » MON CHER CONFRÈRE
> « On peut entre docteurs parler le langa-
> » ge de l'école. »

Plus loin dans le même opuscule on lit aussi (A || LEONARD || SNETLAGE || *DOCTEUR EN DROIT*, etc., page 101, lig. 19—23) :

> « En qualité de docteur *in utroque jure*,
> » comme vous, je prens la liberté de vous
> » avertir que vous vous êtes trompé disant
> » que le mot *exércer* ne fut en usage qu'en
> » *droit canon*. »

voulu sur notre prière compulser les archives de l'Université, n'a trouvé aucune trace des thèses de Casanova. Voici ce que nous écrivait à cet égard le savant professeur:

« Nous possédons les matricules de la Faculté de droit (*Universitas juristarum*) pour le XVIIIme siècle dans un ordre admirable, avec des régistres alphabétiques rédigés avec le plus grand soin, de manière que j'ai pu pousser avec toute facilité mes recherches aux années 1730–1750. Aucun Casanova n'a été immatriculé pendant ces vingt années dans la Faculté de droit de l'université de Padoue.

» Avec un tel résultat toute recherche était inutile parce que, d'après un décret de la République de Venise de 1714, il étoit arrêté *ne quis cujuscunque nationis classisve esset, ne Patavinus quidem, neu Venetus Patriciae gentis, titulos Academicos peteret, quin prius in Gymnasii matriculam nomen suum retulisset, seque scholarem professus esset.* Pourtant j'ai voulu pousser mes recherches jusqu'aux doctorats: nous avons à ce propos trois séries de documents:

» 1. Pièces à l'appui de la demande du doctorat,

» 2. Procès-verbaux des examens,

» 3. Récépissés du diplôme.

» Ces recueils, parfaitement complets pour le XVIIIme siècle, ne contiennent aucun document relatif à un Casanova quelconque pour les années 1730–1750.

» A tout cela ajoutez que personne ne pouvait recevoir le doctorat en droit, qu'après avoir étudié le droit pendant quatre ans à l'Université de Padoue, ou bien en fournissant la preuve de l'avoir étudié auprès d'une autre Université. Pour être reçu docteur à seize ans, Casanova aurait dû commencer se études de droit à douze ans! Et si on avait fait une exception pour lui, la chose devrait être mise en plus grande évidence par un décret des *Riformatori*.

» Pour ne pas donner un démenti absolu au conte de Casanova, il faudrait admettre qu'il eût reçu le titre de docteur, en dehors de l'Université, par quelque *comte palatin*. Cette faculté était naturellement contestée par le Gouvernement qui ne reconnaissait pas ces diplômes abusifs, mais enfin on trouvait toujours des personnes assez faciles pour s'en contenter.

» Voilà en peu de mots le résultat de mes recherches ».

Quoi qu'il en soit, la figure avenante, les manières aisées de Casanova lui ouvrent les portes de la meilleure société vénitienne. Après son prétendu doctorat, il reçoit du patriarche les ordres mineurs: mais des intrigues amoureuses le font expulser du séminaire; il est jeté en prison dans le fort Saint-André, d'où il sort au bout de quelques jours pour aller rejoindre l'évêque de Mortorano dans la Calabre : mais effrayé de la vie austère de son protecteur, il se rend à Naples, puis à Rome où il plait au Cardinal Acquaviva.

Il entre à son service : mais bientôt tombe en disgrâce, quitte la soutane, veut aller à Constantinople, égare le passeport du Cardinal, s'arrête à Ancône, puis tombe au milieu de soldats espagnols : le voilà prisonnier, il s'évade. Il endosse l'habit militaire, se met au service de Venise, enseigne dans le Régiment de Bala, alors à Corfou. Là il perd tout son argent, part en congé pour Constantinople, où il voit le fameux comte de Bonneval, revient à Venise (1745), puis quitte l'habit militaire et devient violon au théâtre de Saint-André. Mais par un hasard heureux le Sénateur de Bragadin est sauvé par lui : Casanova redevient riche ; il se livre à une vie de folies et de désordres. Cité devant trois tribunaux il fuit : Vérone, Milan, Mantoue, Ferrare, Bologne, Césène, Parme deviennent le théâtre de ses exploits. Il retourne à Venise où il joue : il vient à Paris, qu' il quitte bientôt pour retourner à Venise, après avoir séjourné à Dresde et à Vienne. Il se lie avec M. de Bernis, Ministre de France ; accusé de Cabale, les Inquisiteurs d'Etat le font arrêter et enfermer sous les Plombs (1755) (1). Par un tour de force inoui il parvient à s'échapper (2).

En 1759 il revient à Paris, se met en rapport avec le Maréchal de Richelieu, le vieux Crébillon, Voisenon, Fontenelle, Lord Keith, Favart, Rousseau ; fait de la cabale avec la Duchesse de Chartres, renoue connaissance avec M. de Bernis, est présenté au Duc de Choiseul, persuade à Paris Duverney qu'il a inventé un admirable plan de loterie, obtient six bureaux de recettes et

---

(1) Voici les documents confirmatifs trouvés par M. Armand Baschet dans les Archives de Venise. (Le || Livre || REVUE MENSUELLE || BIBLIOGRAPHIE RETROSPECTIVE || DEUXIÈME ANNÉE || PARIS | A. QUANTIN, IMPRIMEUR ÉDITEUR || 7 RUE SAINT BENOIT, 7 || 1881, page 15, lig. 15—34) :

« Jusqu'au mois de novembre de l'année 1754, nul document de provenance » intérieure ou extérieure.

» Le 11 novembre, première note de l'observateur secret, Jean-Baptiste » Manuzzi, sur Casanova.

» Le 16 et le 20 novembre, autres notes du même observateur.

» Jusqu'au 22 mars 1755, absence de documents. A cette date, nouvelle note » de l'observateur J.-B. Manuzzi.

» Les 17, 21 et 23 juillet, autres notes du même sur le même.

» Le 27 juillet, acte authentique de l'arrestation de Casanova par le grand- » commissaire (*Messer Grande*).

» Le 1er août, menu compte de dépenses établi par le geôlier pour le pri- » sonnier.

» Le 2 août, note d'un sieur Baptiste Zini sur les agissements passés de l'accusé » Casanova.

» Le 29 août, précis de deux témoignages pris en note par Domenico Cavalli, » secrétaire du tribunal des Inquisiteurs.

» Le 21 août, annotation des Inquisiteurs qui confirme l'arrestation et en » précise le motif.

» Autre annotation précisant la condamnation à cinq années de détention » sous les Plombs. »

(2) Cette évasion est demontrée par les documents que M. Baschet cite ainsi (Le || Livre || REVUE MENSUELLE || BIBLIOGRAPHIE RETROSPECTIVE || DEUXIÈME ANNÉE, etc., page 15, lig. 15—39, page 16, lig. 1—4) :

« Preuves concordant avec la date de la *fuite précisée* par Casanova dans » son récit : 1° une reconnaissance d'une dette contractée par le père Balbi, com- » pagnon de captivité de Casanova et son associé dans sa fuite, envers le prison- » nier Asquini, 31 octobre 1756 ; 2° annotation des chefs des Dix concernant des » poursuites contre le capitaine et le gardiens des prisons, 3 novembre 1756 ; » 3° notes de réparations faites à une cellule sous les Plombs et à une fenêtre de » la chancellerie, 2 et 6 novembre 1756 ; 4° annotation des Inquisiteurs relative à » la condamnation de Lorenzo Bassadonna, dans laquelle est authentiquement » rappelée la date de la fuite des deux prisonniers Balbi et Casanova. »

quatre mille francs de pension (1). Il s'acquitte d'une mission sécrète qui consistait à aller visiter des vaisseaux de guerre en rade à Dunkerque; revient à Paris, exploite la crédulité d'une Marquise d'Urfé, reçoit de M. de Choiseul une mission importante auprès de marchands d'Amsterdam, est impliqué à son retour dans un procès criminel (2), se tourne vers l'industrie, mais sans succès, est volé (3), puis enfermé au Fort l'Evêque, d'où il sort grâce à la Marquise d'Urfé. Il est autorisé à négocier un emprunt en Hollande (4); mais l'emprunt n'aboutit pas. Il part pour l'Allemagne, passe à Bonn, à Cologne (5), à Stuttgart, à Zurich, où il veut se faire moine, à Soleure, à Bâle, à Berne, à Morat; va visiter à Roche le célèbre Haller, avec lequel il continue des relations par correspondance, fait une halte à Lausanne, arrive à Génève (août 1760), se présente à Voltaire avec lequel il se brouille, passe à Aix, Grenoble, Avignon, Nice, s'arrête à Gênes où il fait jouer une traduction de l'*Écossaise* de Voltaire; arrive à Rome, Naples, Florence, Modène, Turin: ici, retenu par une aventure galante, là, chassé par la police.

De retour à Paris, un duel avec un aventurier l'oblige à s'éloigner; il se rend à Augsbourg dans le projet de représenter une puissance à un congrès qui n'a pas lieu, revient à Paris le dernier jour de 1761, retourne à Metz pour chercher une actrice qui devait lui servir à mystifier Madame d'Urfé, s'arrête au Château de Pontcarré près Paris, repart pour Aix-la-Chapelle, reprend le chemin de l'Italie, puis on le retrouve à Marseille, toujours pour des mystifications dont Mme d'Urfé était la dupe.

---

(1) M. Baschet dit (Le ‖ Livre ‖ REVUE MENSUELLE ‖ BIBLIOGRAPHIE RETROSPECTIVE ‖ DEUXIÈME ANNÉE, etc., page 21, lig. 10—14):

« Un *Mémoire* de ce genre existe parmi les *Papiers de France* aux archives » des affaires étrangères, mais il ne porte pas de signature, il est d'une main qui » paraît être celle d'un metteur au net. Ce document est-il le sien? Quelqu'un en a-t-il fait la rencontre ailleurs? Pour ma part, c'est vainement que » j'ai fait enquête. »

Casanova déposa une plainte contre un Sr Marini de Rome, qui lui avait gagné frauduleusement 53 louis d'or pendant qu'il dirigeait la loterie de l'École Militaire; l'original est conservé dans les registres du Châtelet aux Archives Nationales; nous devons les copies de ce document, ainsi que des quatre suivants à la gracieuseté de M. Campardon.

(2) Les registres du Chatelet nous offrent deux documents qui sont une nouvelle preuve de l'authenticité des *Mémoires* et un nouveau témoignage en faveur de la parfaite sincérité de Casanova: l'accusation de la sage-femme et de Castelbajac, l'intervention de M. de la Popelinière en cette affaire sont expliquées tout au long (MÉMOIRES ‖ DE ‖ JACQUES CASANOVA ‖ DE SEINGALT, ‖ ÉCRITS PAR LUI-MEME. ‖ Édition originale, la seule complète. ‖ TOME V. ‖ PARIS, LIBRAIRE-ÉDITEUR, ‖ PLACE DE LA BOURSE. ‖ 1833, pages 332—452, CHAPITRES X—XI. — MÉMOIRES ‖ DE ‖ JACQUES CASANOVA ‖ DE SEINGALT, ‖ ÉCRITS PAR LUI-MEME. ‖ Édition originale, la seule complète. ‖ TOME III. ‖ BRUXELLES, ‖ J. ROSEZ, LIBRAIRE-ÉDITEUR, ‖ 87, RUE DE LA MADELEINE. ‖ 1871, pages 380—459, page 460, lig. 1—23, CHAPITRES XVI—XVIII. — MÉMOIRES ‖ DE ‖ J. CASANOVA ‖ DE SEINGALT ‖ ÉCRITS PAR LUI-MEME ‖ SUIVIS DE ‖ FRAGMENTS DES MÉMOIRES DU PRINCE DE LIGNE ‖ NOUVELLE ÉDITION ‖ COLLATIONNÉE SUR L'ÉDITION ORIGINALE DE LEIPSICK ‖ TOME QUATRIÈME ‖ PARIS ‖ GARNIER FRÈRES, LIBRAIRES-ÉDITEURS ‖ 6, RUE DES SAINTS-PÈRES, 6, pages 69—161, CHAPITRES III—V).

(3) Un quatrième document provenant également des registres du Châtelet nous laisse entrevoir de nouvelles complications d'affaires dont il n'est pas question dans les Mémoires et sur lesquelles nous devrons revenir.

(4) Dans le travail cité ci-dessus de M. Armand Baschet on lit (Le ‖ Livre ‖ REVUE MENSUELLE ‖ BIBLIOGRAPHIE RÉTROSPECTIVE ‖ DEUXIÈME ANNÉE, etc., page 21, lig. 39—44):

« Le second voyage en Hollande est porté dans les *Mémoires* aux derniers » mois de l'année 1759. Casanova fait mention de lettres de recommandation qu'il » aurait eu à montrer au résident de France et qui lui auraient été remises à » Paris. C'est parfaitement exact. Le vicomte de Choiseul les avait demandées à » son parent le duc, ministre, et la demande et la réponse sont encore aux archives où j'en ai pris copie. »

(5) Archives du Ministère des Affaires Étrangères. Séries Bonn et Cologne, 1760.

Il s'embarque de Paris (1) pour l'Angleterre, rencontre à Londres le chevalier d'Eon et est présenté à Georges III par M. de Guerchy. De Londres, dans l'espoir d'obtenir son pardon, il écrit aux Inquisiteurs une lettre, leur proposant une invention nouvelle pour la teinture du coton (2). Ayant fait argent d'une lettre de change fausse, mais sans soupçonner le faux, il se met en sûreté, débarque à Calais, va à Tournay, où il retrouve le faux Comte de St. Germain, se rend à Brunswick, où il est retenu par un démêlé d'argent, arrive à Berlin, d'où il part après une entrevue avec Frédéric; va en Russie, arrive à Pétersbourg où il a plusieurs entretiens avec Catherine II, à Varsovie, où il est accueilli chaleureusement par le roi de Pologne; mais insulté par le Général Comte Branicki, il le blesse et est obligé de fuir.

Il part pour Dresde, qu'il est bientôt forcé de quitter, se rend à Vienne, revient à Paris, d'où il reçoit l'ordre de partir dans les vingt-quatre heures, à cause d'une provocation faite au jeune Marquis de l'Isle, et se dirige vers l'Espagne. Il se présente au Ministre Comte d'Aranda, qui ne fait rien pour lui, est jeté en prison sur des soupçons vagues, à la suite d'intrigues amoureuses. A Barcelone, il est enfermé quarante-trois jours dans la citadelle, durant lesquels il écrit cette réfutation de l'*Histoire du Gouvernement de Venise* de Amelot de la Houssaye qui devait lui valoir sa grâce, va à Aix, à Livourne, retourne à Rome (3), à Naples, à Turin (4), à Bologne, à Ancone (5), s'établit à Trieste (6),

---

(1) De ce séjour à Paris il reste une trace dans les registres du Châtelet, une plainte de tailleur contre Casanova pour non-paiement et coups, mais c'était sans doute une affaire de trop maigre importance pour que Casanova en parlât dans ses *Mémoires*.

(2) La Bibliothèque de l'Université de Padoue possède un exemplaire d'un opuscule intitulé dans sa première page « NELLE NOZZE AUSPICATISSIME || DELLE SORELLE || TEODOLINA ED ERNESTA » GARZONI || COI FRATELLI || CESARE E JACOPO PAROLARI », et dans la troisième « CINQUE SCRIT- » TURE || DI || GIACOMO CASANOVA || VENEZIA || TIP. DEL COMMERCIO DI MARCO VISENTINI || 1869 », et composé de 20 pages in 8.°, dont les 1e—9e ne sont pas numérotées, les 10e—20e sont numérotées 10—29, et les 9e—20e contiennent quatre lettres de Jacques Casanova. Dans la première de ces lettres adressée (CINQUE SCRITTURE || DI || GIACOMO CASANOVA, etc., page 9, lig. 2): « ALLA SERENISSIMA » REPUBLICA DI VENEZIA », datée (CINQUE SCRITTURE || DI || GIACOMO CASANOVA, etc., page 10, lig. 15): de « *Londra*, 18 *Novembre* 1763 », et signée (CINQUE SCRITTURE || DI || GIACOMO CASANOVA, etc., page 10, lig. 16): « GIACOMO CASANOVA. », on lit (CINQUE SCRITTURE || DI || GIACOMO CASANOVA, page 9, lig. 12—21):

> « Le mie ricerche, i miei viaggi, i miei studj, mi hanno reso padrone » di questo secreto, e l'offro oggi alla mia patria: le offro la tintura de' Co» toni in rosso più bella di quella dell'Oriente, e che potrassi esitare cin» quanta per cento a miglior prezzo dell'altra.
>
> » Essendo cosa manifesta che tutti quelli che si impiegano ne' fisici e » chimici esperimenti si vantano sempre d'esser riusciti a fare scoperte » che gli altri non fecero; io, per andare esente da questo sospetto, mi of» fro di mostrare personalmente le prove in presenza e in propria casa del» l'Ill. Signor Girolamo Zucato Residente veneto in questa città di Lon» dra. Le mostre medesime saranno mandate da questo ministro al mio » Serenissimo Principe, acciocchè deleghi esperti che le esaminino, e fac» ciano sopra d'esse tutte le prove che rendino indubitata la cosa, se la » tintura sia solida. »

(3) M. le Professeur Alessandro d'Ancona a publié (NUOVA || ANTOLOGIA || DI || SCIENZE, LETTERE ED ARTI || SECONDA SERIE || VOLUME TRENTUNESIMO DELLA RACCOLTA VOLUME LXI, etc., page 421, lig. 19—30, page 422, lig. 1—28) une lettre inédite de Casanova, datée de « Roma 19 maggio 1770 » (NUOVA || ANTOLOGIA || DI || SCIENZE, LETTERE ED ARTI || SECONDA SERIE || VOLUME TRENTUNESIMO DELLA RACCOLTA VOLUME LXI, etc., pag. 421, lig. 20) adressée à l'Abbé Ciaccheri bibliothécaire à Sienne: c'est une confirmation curieuse de tout ce que les Mémoires renferment sur les relations de leur auteur avec cet excellent homme.

(4) Archives de Venise, Correspondance de Turin, 1769—1770.

(5) Correspondance d'Ancône, 12 octobre 1772.

(6) Dans le travail ci-dessus mentionnée de M. Armand Baschet on lit (Le || Livre || REVUE RÉ-

où il reçoit quatre cents ducats de la République vénitienne pour un service rendu et obtient enfin la permission de rentrer dans son pays (18 septembre 1774) : les *Mémoires* s'arrêtent un peu avant son retour.

A Venise, il devient agent secret des Inquisiteurs pour le service intérieur ; mais il est obligé en 1782 de quitter sa patrie pour n'y plus revenir, à cause d'une brochure : « *Nè amore nè donne ovvero la stalla d'Augia ripulita.* » Il recommence ses courses aventureuses, va à Trieste, glisse dans les paquets diplomatiques destinés à Venise l'annonce d'un tremblement de terre, se retrouve à Anvers en 1783, vient passer quelques mois à Paris. Là il fait la connaissance du Comte de Waldstein, le neveu du Prince de Ligne. Ce seigneur l'emmène dans son château de Dux (1785) et le nomme son bibliothécaire. C'est dans ce délicieux séjour qu'il compose ses Mémoires et d'autres écrits au milieu de tracasseries dont les lettres à Faulkinher sont un témoignage (1).

Cette course folle à travers le monde n'est qu'une trame sur laquelle se brodent les aventures les plus étranges. Pour les détails, nous ne pouvons que renvoyer aux *Mémoires*. Il était nécessaire, pour faire apprécier à leur juste valeur les pages qui suivent, de dire quelques mots de la vie agitée de l'auteur. Il ne faut s'attendre dans ses livres ni à des découvertes pour le temps présent, ni même à des éclaircissements pour l'histoire des mathématiques au XVIIIe siècle. Casanova qui était trop de son temps sur d'autres matières, n'était pas au courant des découvertes mathématiques. Mais rapprochez ces pages des autres productions et de la vie si complexe de l'auteur, alors des études, des opinions, des sentiments qui, chez un géomètre exercé ou un homme de Cabinet, paraîtraient tout naturels, prennent des proportions de haute curiosité. Puis, les écrits sur lesquels a été rédigée cette notice sont inédits ou, quand ils sont imprimés, sont introuvables. Les lecteurs de ce recueil nous excuseront donc de les entretenir de choses aussi peu profondes et ils sauront

---

TROSPECTIVE || DEUXIÈME ANNÉE || 1881, page 48, lig. 40—42, page 49, lig. 1—13) :

« L'accueil du consul » de Venise à Trieste, Marco Monti, la proposition que celui-ci lui fit de demander » aux Inquisiteurs à l'employer dans une négociation délicate et fort policière, » relative à l'entreprise des prêtres arméniens qui s'étaient retirés du territoire vénitien pour fonder à Trieste une imprimerie considérée comme préjudiciable » aux intérêts de la République, la correspondance qui s'établit à ce propos » entre le tribunal des Inquisiteurs et le consulat, l'intervention de Casanova » auprès des autorités impériales à Trieste, pour obtenir la réforme de certaines » conventions de douane entre les deux États limitrophes, les rémunérations de » ses premiers services autorisées par le Inquisiteurs, la permission d'espérer la » grâce . . . tout absolument ce dont il fait le récit se trouve vérifié par les docu» ments du temps conservés officiellement et que nous avons passés en revue un à » un, et copiés dans le cours de notre examen des papiers originaux. »

(1) « LETTRE || A M. FAULKINHER. A OBERLEITENDORF || ÉCRITES PAR SON *meilleur* AMI || JACQUES » CASANOVA DE SEINGALT || (Janvier 1792) » (MÉMOIRES || DE || JACQUES CASANOVA || DE SEINGALT, || ÉCRITS PAR LUI-MEME. || Edition originale le seule complète, || TOME X. || PARIS. || CHEZ E.-B. DELANCHY, IMPRIMEUR, || RUE DU FAUBOURG, MONTMARTRE, 11. || 1837, pag. 353—366 « FRAGMENS DU » PRINCE DE LIGNE || SUR || JACQUES CASANOVA » (MÉMOIRES || DE || JACQUES CASANOVA || DE SEINGALT, || ÉCRITS PAR LUI-MÊME. || Edition originale le seule complète, || TOME X, etc., pages 384—387).

gré à MM. H. Brockhaus, le Comte de Waldstein, le Dr. Forstemann d'avoir, avec une bonne grâce parfaite, singulièrement facilité nos recherches.

Tous les ouvrages que ce célèbre aventurier a composés dans la retraite sont nourris de citations latines et rédigés en français. Les deux passages suivants que nous empruntons à un de ses ouvrages cité ci-dessus (page 5, lig. 5-7) nous expliquent parfaitement ces deux particularités. Dans cet ouvrage on lit (1) :

« Ce qu'on appelle la philosophie des lan- » gues, mon cher confrère, ne consiste que » dans ces minuties. Ce qui vient après cela, » est le son du mot, et sa cadence, d'où dé- » pend sa représentation. Une grande quan- » tité de mots sonores et pompeux, en grec » en latin et en italien, font devenir noble la » chose qu'ils indiquent, qui au contraire ne » semble souvent ignoble chez les françois » qu'à cause de la bassesse du nom qu'on lui » a donné. C'est, je crois, une des raisons » de la prétendue pauvreté de la langue fran- » caise, pauvreté que j'aime précisément, par- » ce que je me trouve trop riche dans mon » italienne. *Parva ex se loquuntur, maxima* » *extupescunt.* »

Plus loin dans le même travail, il écrit (2) :

« Je dois vous dire un mot à propos des » passages latins, que vous avez trouvé dans » mon épitre. Etant vieux, et ayant beau- » coup lu, je ne peux me défendre, quand » je raisonne par écrit, de m'étayer avec » les doctrines, les pensées, et les maximes » des maitres dont j'ai sucé le lait. Elles » sortent de ma plume comme si elles étoi- » ent de moi, et pour lors, si je ne les écri- » vois pas dans la langue qui leur donna » naissance, je m'exposerois a être accusé » de plagiat par quelqu'un qui auroit étudié » sur mes mêmes livres. J'ai toute ma vie » redouté la tâche de plagiaire. Le seul » moyen de m'en garantir, c'est de citer. *Vol-* » *taire* s'en moquoit. Il disoit que ce qu'il » avoit dit, étoit de lui, malgré que *Phi-* » *lippe de Comines* l'eut écrit deux cens » ans avant lui ; et un *Voltaire* pouvoit » parler ainsi. Ce n'est donc pas par faste » que je cite, mais pour donner à mes avis » le poids qui leur est nécessaire, pour per- » suader les personnes respectables aux- » quelles je parle raison. »

Ajoutons que le manifeste à Snetlage est écrit en bon français : c'est une critique quelquefois très-fine des néologismes introduits dans la langue par la Révolution française.

Le père de Casanova avait des connaissances en mécanique et taillait de verres à facettes (3). Le fils ne néglige pas les occasions de montrer ses goûts,

---

(1) A LEONARD SNETLAGE || etc., page 20, lig. 1—16.

(2) A || LEONARD SNETLAGE || etc., page 86, lig. 6—29.

(3) On lit en effet dans l'édition de 1826—1833 de ses MÉMOIRES (MÉMOIRES || DE || J. CASANOVA || DE SEINGALT || ÉCRITS PAR LUI-MEME || ÉDITION ORIGINALE. || TOMÉ PREMIER, etc. page 34, lig. 7—17) :

« Un jour, vers la mi-novembre, je me trouvais » avec mon frère François, plus jeune que moi de » deux ans, dans la chambre de mon père, et je le » regardais attentivement travailler en optique.

« Un gros morceau de cristal, rond et taillé » à facettes, fixa mon attention. J'y portai la main, » et l'ayant approché de mes yeux, je fus comme » enchanté de voir les objets s'y multiplier. L'envie » de me l'approprier m'étant venue aussitot, et me » voyant inobservé, je saisis le moment de le mettre » dans ma poche ».

Ce passage des MÉMOIRES de Jacques Casanova se retrouve presque identiquement dans toutes les éditions posterieures de cet ouvrage (MÉMOIRES || DE || JACQUES CASANOVA || DE SEINGALT, || ÉCRITS PAR LUI-MEME. Edition originale la seule complète. || TOME I. etc.. pag. 29, lig. 21—25, pag. 30, lig. 1—6. — MÉMOIRES || DE || JACQUES CASANOVA || DE SEINGALT, || ÉCRITS PAR LUI-MEME. || Edition originale, la seule complète. || TOME I, etc. (MÉMOIRES || DE || JACQUES CASANOVA || DE SEINGALT, || ÉCRITS PAR LUI-MEME. || Edition originale, la seule complète. || TOME I. || BRUXELLES || J. ROZER, LIBRAIRE-ÉDITEUR, || 87, RUE DE LA MADELEINE, || 1871, page 22, lig. 34, page 23, lig. 1—9. — MÉMOIRES || DE || J. CASANOVA || DE SEINGALT || ÉCRITS PAR LUI-MEME || SUIVIS DE || FRAGMENTS DES MÉMOIRES DU PRINCE DE LIGNE || NOUVELLE ÉDITION || COLLATIONNÉE SUR L'ÉDITION ORIGINALE DE LEIPSICK || TOME PREMIER || PARIS || GARNIER FRÈRES, LIBRAIRES-ÉDITEURS || 6, RUE DES SAINT-PÈRES 6, page 25, lig. 27—31, page 26, lig. 1—5). Dans l'édition de 1825 des mêmes MÉMOIRES on lit (MÉMOIRES || DU VÉNITIEN || J. CASANOVA || DE SEINGALT, || EXTRAITS DE SES MANUSCRITS ORIGINAUX ; || PUBLIÉS EN ALLEMAGNE || PAR G. DE SCHUTZ. || TOME PREMIER. || PARIS, || TOURNACHON-MOLIN, LIBRAIRE, || RUE SAINT-ANDRÉ-DES-ARTS, N° 45 ; 1825, page 13, lig 18—24, page 14, lig. 1—4) :

« C'était au milieu de novembre, et je me » tenais dans la chambre de mon père avec » mon frère, plus jeune que moi de deux ans. » Quelques travaux d'optique, auxquels se » livrait pour lors notre père, enchaînaient » toute mon attention, lorsque je vins à re- » marquer sur la table un grand morceau de » cristal taillé à facette. En l'approchant de » mes yeux, je vis avec ravissement qu'il mul- » tipliait tous les objets, et profitant d'un ins- » tant où personne ne m'observait, je le cachai » dans ma poche ».

3

ses aptitudes et une éducation scientifiques. Il raconte une jolie anecdote d'enfance, qui, si elle est authentique, marque bien une grande précocité de raisonnement. Il raconte cette anecdote ainsi (1) :

« La barque voguait, » mais d'un mouvement si égal, que je ne pouvais le » deviner ; de sorte que les arbres qui se dérobaient » successivement à ma vue avec rapidité me cau» sèrent une extrême surprise. Ah! ma chère mère, » m'écrirai-je, qu' est-ce que cela? les arbres mar» chent. Dans ce moment même les deux seigneurs » entrèrent, et, me voyant stupéfait, me demandè» rent de quoi j'étais occupé. D'où vient, leur ré» pondis-je, que les arbres marchent?

» Ils rirent; mais ma mère, après avoir poussé » un soupir, me dit d'un ton pitoyable : c'est la » barque qui marche et non pas les arbres. Ha» bille-toi.

» Je conçus à l'instant la raison du phénomène, » allant en avant avec ma raison naissante, et nul» lement préoccupée. Il se peut donc, lui dis-je, » que le soleil ne marche pas non plus et que ce soit » nous au contraire qui roulions d'occident en orient. » Ma bonne mère, à ces mots, crie à la bêtise! » Monsieur Grimani déplore mon imbécillité, et je » reste, consterné, affligé et prêt à pleurer. Mr. » Baffo vint me rendre l'âme. Il se jeta sur moi, » m' embrassa tendrement, et me dit : Tu as raison, » mon enfant ; le soleil ne bouge pas, prends cou» rage, raisonne toujours en conséquence, et laisse » rire. »

A propos d'un problème tout humain il dit (2) :

« Malheureusement j'étudiais alors la géométrie. »,

et plus loin (3) :

---

(1) MÉMOIRES ‖ DE ‖ J. CASANOVA ‖ DE SEINGALT ‖ ÉCRITS PAR LUI-MEME ‖ ÉDITION ORIGINALE. ‖ TOME PREMIER, etc. page 39, lig. 19—28, page 40, lig. 1—17. — MÉMOIRES ‖ DE ‖ JACQUES CASANOVA ‖ DE SEINGALT, ‖ ÉCRITS PAR LUI-MEME. ‖ Edition originale, la seule compléte. ‖ TOME 1, ‖ etc., page 34, lig. 26—29, page 35, lig. 1—20. — MÉMOIRES ‖ DE ‖ JACQUES CASANOVA ‖ DE SEINGALT, ‖ ÉCRITS PAR LUI-MEME. ‖ Edition originale la seule complète. ‖ TOME 1. ‖ BRUXELLES, ‖ J. ROZEZ, LIBRAIRE ÉDITEUR, ‖ 87, RUE DE LA MADELEINE. ‖ 1871, page 26, lig. 16—37. — MÉMOIRES ‖ DE ‖ JACQUES CASANOVA ‖ DE SEINGALT, ‖ ÉCRITS PAR LUI-MEME, ‖ Edition originale, la seule compléte. ‖ TOME 1, etc., page 26, lig. 16—37. — MÉMOIRES ‖ DE ‖ J. CASANOVA ‖ DE SEINGALT ‖ ÉCRITS PAR LUI-MEME ‖ SUIVIS DE ‖ FRAGMENTS DES MÉMOIRES DU PRINCE DE LIGNE ‖ NOUVELLE ÉDITION ‖ COLLATIONNÉE SUR L'ÉDITION ORIGINALE DE LEIPSICK ‖ TOME PREMIER ‖ PARIS ‖ GARNIER FRÈRES, LIBRAIRES-ÉDITEURS ‖ 6 RUE DES SAINTS-PÈRES 6, page 29, lig. 26—32, page 30, lig. 1—14.

(2) MÉMOIRES ‖ DE ‖ J. CASANOVA ‖ DE SEINGALT ‖ ÉCRITS PAR LUI-MEME ‖ ÉDITION ORIGINALE, ‖ TOME PREMIER. etc. page 169, lig. 4. — MÉMOIRES ‖ DE ‖ JACQUES CASANOVA ‖ DE SEINGALT, ‖ ÉCRITS PAR LUI-MEME. ‖ Edition originale, la seule complete. ‖ TOME 1, ‖ etc., page 157, lig. 1—2. — MÉMOIRES ‖ DE ‖ JACQUES CASANOVA ‖ DE SEINGALT, ‖ ÉCRITS PAR LUI-MEME. ‖ Edition originale, la seule complète. ‖ TOME 1. ‖ BRUXELLES, ‖ J. ROZEZ LIBRAIRE-ÉDITEUR, ‖ 87, RUE DE LA MADELEINE. ‖ 1871, page 105, lige 4—5. — MÉMOIRES ‖ DE ‖ JACQUES CASANOVA ‖ DE SEINGALT, ‖ ÉCRITS PAR LUI-MEME. Edition originale, la seule complète. ‖ TOME 1. etc. 1879 page 105, lig. 4—5. — MÉMOIRES ‖ DE ‖ J. CASANOVA ‖ DE SEINGALT ‖ ÉCRITS PAR LUI-MEME ‖ SUIVIS DE ‖ FRAGMENTS DES MÉMOIRES DU PRINCE DE LIGNE ‖ NOUVELLE ÉDITION ‖ COLLATIONNÉE SUR L'ÉDITION ORIGINALE DE LEIPSICK ‖ TOME PREMIER ‖ PARIS ‖ GARNIER FRÈRES, LIBRAIRES-ÉDITEURS ‖ 6, RUE DES SAINT-PÈRES 6, page 120, lig. 22—23.

(3) MÉMOIRES ‖ DE ‖ J. CASANOVA ‖ DE SEINGALT ‖ ÉCRITS PAR LUI-MEME ‖ ÉDITION ORIGINALE, ‖ TOME PREMIER, etc., page 193, lig. 11—17. — MÉMOIRES ‖ DE ‖ JACQUES CASANOVA ‖ DE SEINGALT, ‖ ÉCRITS PAR LUI-MEME. ‖ Edition originale, la seule complète. ‖ TOME 1, ‖ etc., page 176, lig. 26—29, page, 177, lig. 1—9. — MÉMOIRES ‖ DE ‖ JACQUES CASANOVA ‖ DE SEINGALT, ‖ ÉCRITS PAR LUI-MEME, ‖ Edition originale, la seule compléte. ‖ TOME 1, etc. 1871, page 120, lig. 12—18. — MÉMOIRES ‖ DE ‖ JACQUES CASANOVA ‖ DE SEINGALT, ‖ ÉCRITS PAR LUI-MEME. ‖ Edition originale, la seule complète. ‖ TOME 1. ‖ BRUXELLES, ‖ J. ROZEZ, LIBRAIRE-ÉDITEUR, 81. RUE DE LA MADELEINE. ‖

« Je passai le carême, partie avec mes deux » anges, et toujours plus heureux ; partie à étudier » la physique expérimentale au couvent de la Salute : » et mes soirées chez Mr. de Malipiero avec l'assem- » blée qui s'y réunissait. Mais à Pâques, voulant tenir » parole à la comtesse de Mont-Réal, impatient de » revoir ma chère Lucie, je me rendis à Paséan. »

Dans un ouvrage deux fois cité ci-dessus, nous le voyons fréquenter en 1782 les séances de l'Académie des Sciences de Paris (1).

Casanova a publié trois écrits mathématiques, tous trois relatifs au problème de la duplication du cube (2).

1879, page 120, lig. 12—18. — MÉMOIRES || DE || J. CASANOVA | DE SEINGALT || ÉCRITS PAR LUI-MEME, | SUIVIS DE || FRAGMENTS DES MÉMOIRES DU PRINCE DE LIGNE || NOUVELLE ÉDITION || COLLATIONNÉE SUR L'EDITION ORIGINALE DE LEIPSICK || TOME PREMIER || PARIS || GARNIER FRÈRES, LIBRAIRES-ÉDITEURS || 6, RUE DES SAINT-PÈRES 6, page 135, lig. 1—7.

(1) « On est sûr de pousser la découverte beaucoup plus loin. Je me suis trouvé le mois de No- » vembre de l'an 1783 au vieux Louvre, dans la salle où l'académie des inscriptions et belles-lettres » tenoit une séance, peu de jours après la mort de l' illustre d'*Alembert*. Étant assis à côté du sa- » vant *Franklin*, je fus un peu surpris d'entendre *Condorcet* lui demander, s' il croyoit qu'on par- » viendroit à donner plusieurs autres directions au ballon *aërostatique*. Voici sa reponse : *la chose* » *est encore dans son enfance, ainsi il faut attendre*. J'en fus surpris. » (A || LEONARD || SNETLAGE || etc. 1797, page 35, lig. 4—17).

(2) Sur ce problème célèbre on trouve des renseignements historiques et bibliographiques dans les ouvrages suivants:

1. HISTOIRE || *DES RECHERCHES* || SUR LA || *QUADRATURE* || DU CERCLE ; || Ouvrage propre à instruire des découver-||tes réelles faites sur ce problème célé||bre, & à servir de préservatif contre || de nouveaux efforts pour le résoudre : || *Avec une Addition concernant les problémes* || *de la duplication du cube & de la trisec-*||*tion de l' angle.* || A PARIS, || Chez CH. ANT. JOMBERT, Imprimeur-| Libraire du Roi en son artillerie, rue || Dauphine, à l'Image Notre Dame. || M.DCC.LIV. || *Avec Approbation & Privilege du Roi.* (Ouvrage de l'illustre historien des mathématiques Jean Estienne Montucla), page 234, lig. 7—20, pages 235—292. CHAPITRE V. || *Addition, contenant l'histoire de* || *quelques autres problémes fa-*||*meux en Géometrie, comme ceux* || *de la duplication du cube ou des* || *deux moyennes proportionnelles,* || *& de la trisection de l'angle.*

2. HISTOIRE || DES RECHERCHES || SUR LA || QUADRATURE || DU CERCLE, || AVEC UNE ADDITION CONCERNANT LES PROBLÈMES DE LA || DUPLICATION DU CUBE ET DE LA TRISECTION DE L'ANGLE. || PAR MONTUCLA. || NOUVELLE ÉDITION REVUE ET CORRIGÉE. || PARIS, || BACHELIER PÈRE ET FILS, LIBRAIRES || POUR LES MATHÉMATIQUES, || QUAI DES AUGUSTINS, N° 55. || 1831, page 216—261. (CHAPITRE VI. || *Addition, contenant l'histoire de quelques* || *autres problèmes fameux en Géométrie,* || *comme ceux de la duplication du cube ou* || *des deux moyennes proportionnelles et de la trisection de l'angle*). — ADDITIONS || ADDITION *à la page* 223 (page 285, lig. 5—27, pages 286—289, page 290, lig. 1—9).

3. DISSERTATIO INAVGVRALIS || EXHIBENS || SPECIMEN LIBELLI TRACTANTIS || HISTORIAM PROBLEMATIS || DE || CVBI DVPLICATIONE || SIVE DE || INVENIENDIS DVABVS MEDIIS || CONTINVE PROPORTIONALIBVS. || QVAM || IN ACADEMIA GEORGIA AVGVSTA || AMPLISSIMI || PHILOSOPHORVM ORDINIS AVCTORITATE || PRO || SVMMIS IN PHILOSOPHIA HONORIBVS || RITE OBTINENDIS || DIE XII. MENSIS NOVEMBRIS MDCCLXXXVI. || PVBLICE DEFENDET || AVCTOR | NICOLAVS THEODORVS REIMER || RENDSBVRGO-HOLSATVS || GOTTINGAE || TYPIS IO. GEORGII ROSENBUSCHII. In 8°, de 16 pages, dont les trois premières ne sont pas numerotées et les autres sont numerotées 4—16. Dans un volume miscellané actuellement possedé par la Bibliothèque Royale de l'Université de Göttingen coté « Hist. lit. part. 2766 » (opuscule 43) on trouve un exemplaire de cet opuscule

4. HISTORIA || PROBLEMATIS || DE || CVBI DVPLICATIONE || SIVE DE || INVENIENDIS DVABVS MEDIIS || CONTINVE PROPORTIONALIBVS || INTER DVAS DATAS || AVCTORE || NICOLAO THEODORO REIMER || PHILOS. DOCT. ET AA. LL. MAG. || *ACCEDVNT TABVLAE AENEAE.* || GOTTINGAE || APVD IOANN. CHRISTIAN. DIETERICH. || MDCCXCVIII. In 8° de 238 pages, dont les 1e—11e, 17e ne sont pas numérotées, et les 2e—16e, 18e—238e sont numérotées XII—XVI, 2—222, et trois tables.

5. Litteratur || der || mathematischen || Wissenschaften. || Von || Fr. Wilh. Aug. Murhard. || Zweyter Band, || enthaltend die Litteratur der Geometrie und der || Analysis, || Leipzig, || bei Breitkopf und Härtel. || 1798. — BIBLIOTHECA || MATHEMATICA || AVCTORE || FRID. *GVIL. AVG. MVRHARD* || VOLVMEN SECVNDVM || CONTINENS SCRIPTA GEOMETRICA ET ANALYTICA || LIPSIAE || SVMTIBVS BREITKOPFII ET HAERTELII || CIƆIƆCCLXXXVIII, page 137, lig. 17—40, page 138, lig. 1—13.

6. HISTORIA || PROBLEMATIS CUBI || DUPLICANDI. || SPECIMEN HISTORICO-MATHEMATICUM, || QUOD CUM THESIBUS ADIECTIS || SCRIPSIT, || ET AD IURA MAGISTRI ARTIUM RITE ASSEQUENDA || PUBLICE DEFENDERE CONABITUR || CHRISTIANUS HENRICUS BIERING, || *Polytechnices candidatus; et Scholæ Aalburgensi adjunctus* || DIE 21me SEPT. HORA LOCOQUE SOLITO. || *HAUNIÆ.* || TYPIS EXCUSSIT *A. MICHAELSEN.* || MDCCCXLIV. In 4.° de 66 pages, dont les 1e—9e, 66e ne sont pas numérotées, et les 10e—65e sont numérotées 4—59.

Le premier est intitulé dans sa première page « SOLUTION || DU || PROBLEME DELIA-» QUE || DÉMONTRÉE || PAR || JACQUES CASANOVA DE SEINGALT,|| BIBLIOTHECAIRE DE MONSIEUR » LE COMTE DE WALDSTEIN,|| SEIGNEUR DE DUX EN BOHEME &c. || A DRESDE || DE L'IMPRI-» MERIE DE C. C. MEINHOLD. || 1790. », et composé de 68 pages, dont les 1re–5e,

---

7. Mathematisches || Wörterbuch || oder || Erklärungen || der || Begriff · Lehrsätze, Aufgaben und Methoden || der Mathematik || mit den nöthigen Beweisen || und || literarischen Nachrichten begleitet || in alphabetischer Ordnung || von || Georg Simon Klügel || etc. || erste Abtheilung || Die reine Mathematik. || Erster Theil || von A bis D || Mit acht Kupfertafeln. || Leipzig || im Schwickertschen Verlage 1803, page 721, fig. 7—37, pages 722—729, page 730, fig. 1—2, article « Delische Aufgabe ».

8. Allgemeine || Encyklopädie || der || Wissenschaften und Künste || in alphabetischer Folge || von genannten Schriftstellern bearbeitet || und herausgegeben von || J. S. Ersch und J. G. Gruber. || Mit Kupfern und Charten. || Erste Section || A—G. || Herausgegeben von || J. G. Gruber. || Dreiundzwanzigster Theil. || DANIEL-DEMETER. || Leipzig: || F. A. Brockhaus. || 1832, page 375, col. 2, fig. 50—60, pages 376—377, pag. 378, col. 1, fig 1—33, article « DELISCHES PROBLEM », signé (Allgemeine | Enciklopädie, etc. bearbeitet || und herausgegeben von || J. S. Hersch und J. G. Gruber, etc. Erste Section || A—G. || Herausgegeben von || J. G. Gruber. || Dreiundzwanzigster Theil || DANIEL-DEMETER, etc., page 378, col. 1, fig. 33) « *Gartz* ».

9. « NOTICE HISTORIQUE SUR LA DUPLICATION DU CUBE » (BULLETIN || DE || BIBLIOGRAPHIE, D'HISTOIRE || ET DE || BIOGRAPHIE MATHÉMATIQUES, || PAR M. TERQUEM, || Officier de l'Université, Docteur ès sciences, Professeur aux Écoles Impériales d'Artillerie, || Officier de la Légion d'honneur. || TOME DEUXIÈME. || PARIS, || MALLET-BACHELIER, IMPRIMEUR-LIBRAIRE || DU BUREAU DES LONGITUDES, DE L'ÉCOLE IMPÉRIALE POLYTECHNIQUE, || Quai des Augustins, 55. || 1856. || (L'Auteur et l'Éditeur de cet Ouvrage se réservent le droit de traduction.) page 20, fig. 19—25, pages 21—38, page 39, fig. 1—7).

Dans cette « NOTICE HISTORIQUE », etc. d'Olry Terquem je ne trouve pas mentionnés les travaux suivants : 1° SOLVTION ET ESCLAIRCISSEMENT || DE QVELQVES PROPOSITIONS || DE MATHEMATIQVES || Entr'autres || DE LA DVPLICATION || DV CVBE || & || DE LA QVADRATVRE || DV CERCLE, etc. A PARIS || Chez JACQVES LANGLOIS Imprimeur ordinaire du Roy || dans la Grande Salle du Palais, à la Reyne de Paix MDCLVIII, in 4.° — 2° EXAMEN || DE LA || DVPLICATION DV CVBE || ET QVADRATVRE || DV CERCLE || Cy-deuant publiée à diuerses fois || par le Sieur DE LA LEV, || Et nouuellement au mois d'Aoust dernier || A PARIS, || Par Robert Sara, ruë de la Harpe, au bras d'Hercule || M. DC. XXXI. In 4° — 3° Jovin, traité de la duplication du cube. Paris 1656 — 4° « *OBSERVATIO XXXVII.* || Dn. » D. JOSEPHI MUSCHEL de MOSCHAU. || Methodus duplicationis cubi geometricæ, mon- || strans, quatenus » illa ope solius circini, & vulga- || ris regulæ (quod lineale vocamus) per- || ficienda sit » (MISCELLANEA CURIOSA || *SIVE* || EPHEMERIDUM || MEDICO-PHYSICARUM || GERMANICARUM || ACADEMIÆ || CÆSAREO-LEOPOLDINÆ || NATURÆ CURIOSORUM || *DECURIÆ III.* || *ANNUS QUARTUS* || Anni M DC XCVI. || *Continens* || Celeberrimorum Virorum || *Tum Medicorum tum aliorum Eruditorum in Germania* || *&* *extra eam* || OBSERVATIONES || Medico-Physico-Anatomico-Botanico-Mathematicas || *Cum* || APPENDICE || *&* || *Privilegio Sac. Cæs. Majestatis.* || *Edita sumtibus Academiæ* 1697. || Francofurti & Lipsiæ, || apud Johannem Michaelem Rüdiger, & Engelbertum Streck. || Literis Christiani Sigismundi Frobergii, page 95, fig. 12—27, pages 96—100, page 101, fig. 1—7. — 5° « *OBSERVATIO XXXVIII.* || Dn. D. JOSEPHI MU- » SCHEL de MOSCHAU. || Methodus alia duplicationis cubi per quatuor re- || gulas rectangulares » (MISCELLANEA || CURIOSA || *SIVE* || EPHEMERIDUM || MEDICO-PHYSICARUM || GERMANICARUM || ACADEMIÆ || CÆSAREO-LEOPOLDINÆ || NATURÆ CURIOSORUM || *DECURIÆ III. ANNUS QUARTUS* || Anni M DC XCVI, etc. page 101, lin. 8—28, page 102, fig. 1—15).

M. Günther a cité ces deux derniers travaux ainsi (VERMISCHTE || UNTERSUCHUNGEN || ZUR || GESCHICHTE || DER MATHEMATISCHEN WISSENSCHAFTEN. || VON DR. SIEGMUND GÜNTHER. || MIT IN DEN TEXT GEDRUCKTEN HOLZSCHNITTEN || UND 4 LITHOGR. TAFELN. || LEIPZIG, || DRUCK UND VERLAG VON B. G. TEUBNER. || 1876, page 290, fig. 7- 16, 28—33) :

> « III. Zu §. 4. Muschelius v. Moschau, um die latinisirte Form beizubehalten, versuchte seine Kräfte auch an dem altberühmten delischen Problem. Die erste Konstruktion, welche er angiebt, leitet er mit den stolzen Worten ein 55) : « *cum methodus monstrans, quatenus ope solius circini et vulgaris regulae dicta cubi duplicatio perfici possit, adhuc a nemine sit inventa neque proposita, eam hic communicare volui* » — indess entspricht sie denselben natürlicherweise nicht, sondern läuft auf Probiren hinaus. Seine zweite Methode 56) dagegen beruht auf einem Instrumentchen, welches in Wesentlichen mit dem von Plato zum gleichen Zwecke in Vorschlag gebrachten 57) übereinstimmt »
>
> « 55) *Muschel de Moschau, Methodus duplicationis cubi geometricae, monstrans, quatenus illa ope solius circini, et vulgaris regulae (quod lineale vocamus) perficienda sit*, Miscell. etc. Dec. III, Annus IV. S. 95. 56) *Id. Methodus alia duplicationis cubi per quatuor regulas rectangulares*, Ibid. S. 101. ff. 57) *Bretschneider*, Die Geometrie und die Geometer vor Euklides, Leipzig 1870. S. 141 ».

68e ne sont pas numérotées, et les autres sont numérotées 2–63 (1).

(1) On a de cet opuscule les exemplaires suivants :

1. Exemplaire possédé par la Bibliothèque royale de Dresde et coté « Mathem. 543 ». Cet exemplaire est complet et composé par conséquent de 34 feuillets (68 pages) reliés avec deux feuillets de garde dont deux précèdent ces 34 feuillets et deux les suivent; formant ainsi un volume de 38 feuillets, relié en carton couvert complètement de basane, avec dos et marges des couvertures dorées. Dans l' intérieur de la première couverture de ce volume on trouve une estampille dans laquelle on lit : « Bibliotheca Electoralis publica ». Dans une étiquette en peau rouge collée sur le dos de ce volume est imprimé en or: « SOLUTION || DU || PROBLEME || DELIAQUE ». Au bas du même dos, sur une étiquette de papier jaune, se trouve écrit: « Mathem. || 543 ».

2. Exemplaire possédé par la Bibliothèque royale de Berlin et coté « Oa. 5331. 4.° » Cet exemplaire, est complet, et composé par conséquent de 34 feuillets (68 pages) reliés avec deux feuillets de garde dont un précède ces 34 feuillets, et l'autre les suit, formant ainsi un volume relié en carton, couvert de papier brun marbré. Cet exemplaire a été acheté par la même bibliothèque le 29 juin 1880 du libraire antiquaire K. J. Köhler à Leipzig.

3. Exemplaire complet possédé par la Bibliothèque royale de Munich, contenu dans les feuillets 2e—35e d'un volume coté « Math. P. 64, in 4° » formé de 37 feuillets, dont le 1er et 37e sont des feuillets de garde, et relié en peau fauve.

4. Un exemplaire conservé dans la Bibliothèque de Château de Dux.

5. Exemplaire possédé par D. B. Boncompagni. Cet exemplaire est complet, et composé par conséquent de 34 feuillets (68 pages), reliés avec huit feuillets de garde, dont quatre précèdent ces 34 feuillets, et 4 les suivent, formant ainsi un volume de 42 feuillets, relié en carton recouvert extérieurement de parchemin et intérieurement de papier marbré, qui recouvre aussi le *recto* du premier et le *verso* du dernier feuillet. Dans un carré de peau rouge collé sur la première face de la reliure se trouvent reproduites, en lettres dorées, les lignes 1—6, 9—11 du frontispice. Le même exemplaire autrefois possédé en double par la Bibliothèque Royale de Dresde, fut vendu à M. le Prince B. Boncompagni le 25 mai 1832 pour le prix de 8 francs.

6. Un exemplaire de cet opuscule faisait partie de la riche bibliothèque de l'illustre géomètre et érudit Michel Chasles, membre de l'Institut, né à Épernon (Eure et Loire) le 15 novembre 1793 (BULLETTINO || DI || BIBLIOGRAFIA || E DI STORIA || DELLE SCIENZE MATEMATICHE E FISICHE || PUBBLICATO || DA B. BONCOMPAGNI, etc. TOMO XIII || ROMA, || etc. || 1880, page 815, lig. 8, 26—29, DICEMBRE 1880), mort le 18 décembre 1880 (BULLETTINO || DI || BIBLIOGRAFIA || E DI STORIA || DELLE SCIENZE MATEMATICHE E FISICHE, etc. TOMO XIII, etc., page 815, lig. 2—7, 20—24, pag. 822, lin. 10—11, 49—50). Dans le catalogue publié pour la vente publique de sa Bibliothèque cet exemplaire est indiqué ainsi (CATALOGUE || DE LA || BIBLIOTHÈQUE SCIENTIFIQUE || HISTORIQUE ET LITTÉRAIRE || DE FEU || M. MICHEL CHASLES (de l' Institut) || *Dont la vente aux enchères publiques* || *aura lieu du* 27 Juin au 18 Juillet 1881. || à 8 heures très précises du soir || 28, RUE DES BONS-ENFANTS (Maison Silvestre) || Salle n° 1, au 1er étage || Par le ministère de Me Georges Boulland, commissaire-priseur || 26, RUE NEUVE-DES-PETITS-CHAMPS, 26 || Assisté de M. A. Claudin, libraire-expert et paléographe || PARIS || A. CLAUDIN, LIBRAIRE-EXPERT ET PALÉOGRAPHE || LAURÉAT DE L'INSTITUT || 3, RUE GUÉNÉGAUD, 3 || (Près le Pont-Neuf.) || M.D.CCC.LXXXI » (page 251, lin. 5—10):

> « 2469. Solution du problême déliaque démontrée par J. Casa-
> » nova de Seingalt. *Dresde*, 1790, in-4, br.
>
> „ Opuscule rare. Voici comment l'auteur explique son sujet dans un avis
> „ aux lecteurs : „ Le petit ouvrage que vous allez lire traite de l'art
> „ qu'il faut employer pour construire un cube dont la solidité soit double
> „ de celle d'un donné. „ „

Dans la seconde page de ce catalogue on trouve une liste de vacations intitulée (lig. 1—3): « ORDRE » DES VACATIONS || *La Librairie A. CLAUDIN*, 3, *rue Guénégaud, se charge de toutes les* || *commis- » sions des personnes qui ne pourraient assister à la vente* », etc.,, dans cette liste on lit (page 2me, col. 2, lig. 4—6):

> « 11e VACATION.
> » Vendredi 8 juillet.
> » N°s 2256 à 2475 ».

On voit donc que le n.° 2469, c'est-à-dire l'exemplaire possédé par M. Chasles de l'opuscule intitulé « SOLUTION || DU || PROBLEME DELIAQUE », etc. fut vendu le 8 juillet 1881 dans la 11e vacation de la vente de sa Bibliothèque.

Nicolas-Théodore Reimer (1), François-Guillaume-Auguste Murhard (2), Jean-Wolfgang Müller (3), Jean Rogg (4), Christian-Gottlieb Kayser (5), Joseph-

Un article relatif à l'opuscule intitulé « SOLUTION || DU || PROBLÈME DÉLIAQUE », ecc. fut publié dans un recueil allemand intitulé « Allgemeine || deutsche || Bibliothek » (Allgemeine || deutsche || Bibliothek. || Des hundert und dreyzehnten Bandes || erstes Stück. || Kiel, || verlegts Carl Ernst Bohn, 1793, page 126, lig. 31—36, pages 127—128, page 129, lig. 1—31). Cet article est intitulé (Allgemeine || deutsche || Bibliothek. || Des hundert und dreyzehnten Bandes || erstes Stück, etc., page 126, lig. 31—36, page 127, lig. 1—2): « Mathematik || Solution du problème deliaque démontrée par || *Ja-» ques Casanova de Seingalt*, Bibliothécaire || de Mr. le comte *de Waldstein*, Seigneur de || Dux » en Bohéme. Dresde, de l'impr. de || Meinhold, 1790. 63. Quarts. Die Figuren || eingedruckte » Holzschnitte ».

(1) Dans l'ouvrage intitulé « HISTORIA || PROBLEMATIS || DE || CVBI DVPLICATIONE || SIVE DE || INVE-» NIENDIS DVABVS MEDIIS || CONTINVE PROPORTIONALIBVS || INTER DVAS DATAS || AVCTORE || NICOLAO » THEODORO REIMER », etc. (page 222, lig. 14—17) on lit:

« Solution du Probleme Deliaque demontrée.
» par JACQUES CASANOVA DE SEINGALT, Biblio-
» thécaire de Mr. le Comte de Waldstein, Seigneur
» de Dux en Bohème, à Dresde, 1791. »;

où l'on trouve par erreur « 1791 » au lieu de « 1790 ».

(2) François — Guillaume — Auguste Murhard indique cet opuscule ainsi (Litteratur || der || mathematischen || Wissenschaften. || Von || Fr. Wilh. Aug. Murhard. || Zweyter Band », etc. || BIBLIOTHECA || MATHEMATICA || AVCTORE || *FRID. GVIL. AVG. MVRHARD* || VOLVMEN SECVNDUM, etc., page 138, lig. 3—5):

« 1790. * Solution du problème Déliaque démontrée par
» *Jacques Casanova de Seingalt*, Bibliothécaire de Mr. le Comte
» de Waldstein, Seigneur de Dux en Bohéme. Dresde. 4. »

(3) Jean — Wolfgang Müller cite cet opuscule de la manière suivante (Repertorium || der || Mathematischen Literatur, || in || alphabetischer Ordnung, || von || Johann Wolfgang Müller, || Professor der Mathematik am Gymnasium zu Nürnberg. || Zweiter Theil, || Augsburg und Leipzig, || in der von Jenisch und Stageschen Buchhandlung, page 28, lig. 35—36):

« Casanova de Seingalt (Jean Jacques) solution du pro-
» blème Deliaque démontrée. Dresde, 1790. 4. »

(4) Dans un volume in 8° de 652 pages dont les 1ère—5e, 7e, 9e—11e, 589e, 652e ne sont pas numérotées, et les autres sont numérotées IV, VI, 2—578, 2—63, intitulé dans la seconde de ces pages « BIBLIOTHECA || MATHEMATICA || SIVE || CRITICUS || LIBRORUM MATHEMATICORUM, || QUI || INDE » AB REI TYPOGRAPHICAE EXORDIO AD ANNI || 1830mi USQUE FINEM EXCUSI SUNT, || INDEX || AD || VARIOS » USUS COMMODE DISPOSITUS || AB || J. ROGGIO. || SECTIO I. || LIBROS ARITHMETICOS ET GEOMETRICOS » COMPLECTENS. || TUBINGÆ, || SUMPTIBVS L. F. FUES. || 1830 » et dans la troisième « Handbuch || der || » mathematischen Literatur || vom || Anfange der Buchdruckerkunst bis zum Schlusse || des Jahrs 1830. || » *Erste Abtheilung*, || welche die arithmetischen und geometrischen Wissenschaften || enthält. || Bear-» beitet || von || J. Rogg, || Privatdocenten in Tübingen. || Tubingen, || bey Ludwig Friedrich Fues. || » 1830 » (page 306, lig. 48—50) on lit:

« Casanova de Seingalt, Jac., Solution de Problème déliaque
» demontrée (63 S.) 4. *Dresden*, Meinhold. 1790.
» A. d. B. CXIII. 1. 126 † »;

Le renvoi « A. d. B. CXIII. 1. 226 † » indique l'article cité ci-dessus du volume intitulé « Allge-» meine || deutsche || Bibliothek. || Des hundert und dreyzehnten Bandes || erstes Stück », etc.

(5) Dans le volume intitulé « INDEX || LOCUPLETISSIMUS || LIBRORUM || QUI INDE AB ANNO MDCCL » USQUE AD ANNUM MDCCCXXXII IN || GERMANIA ET IN TERRIS CONFINIBUS PRODIERUNT. || Vollständiges || Bücher - Lexikon || enthaltend || alle von 1750 bis zu Ende des Jahres 1832 in Deutsch-» land || und in den angrenzenden Ländern gedruckten Bücher. || In alphabetischer Folge, || mit einer » vollständigen Uebersicht aller Autoren, der anonymen sowohl als || der pseudonymen, und einer » genauen Angabe der Kupfer und Karten, der || Auflagen und Ausgaben, der Formate, der Druckorte » der Jahrzahlen, || der Verleger und der Preise. || Bearbeitet und herausgegeben || von || Christian » Gottlob Kayser. || Erster Theil. || A-C. || Mit Königl. Sächs. allergnädigstem Privilegium. || Leipzig, » 1834. || Verlag von Ludwig Schumann » etc., (page 419, col. 1, lig. 3—9) on lit:

Marie Quérard (1), Barthélemy Gamba (2), MM. De Beauchamp (3), et Desnoiresterres (4), Olry Terquem (5), M. le D.r Constant von Wurzbach (6), les édi-

« Casanova de Seingalt, Jak., Mémoires, écrits par lui-meme
» Tom. I-IV. gr. 12. Leipz. 826—27. Brockhaus. 7. rs. 4. gr.
» — Memoiren, (aus,) oder sein Leben, wie er es zu Dux in Böhmen
» niedergeschrieben. Aus d. Franzős bearb. (v. W. v. Schütz. 12
» Bde. 8. Leipz. 822—28. Brockhaus. 25 rs. 20 gr.
» — Solution du Problème déliaque demontrée. Av. fig. 4.
» Dresd. 790. Walther. 20 gr. »

(1) Dans la liste des travaux de Jacques Casanova donnée par Quérard cet opuscule est indiqué ainsi (LA FRANCE || LITTÉRAIRE, || OU || DICTIONNAIRE BIBLIOGRAPHIQUE, etc. || PAR J.-M. QUÉRARD. || TOME SECOND, etc., page 69, col. 1, lig. 22—23):

« Solution du problème Déliaque. *Dresde,*
» *Walther,* 1790, in-4, fig. »

(2) Dans son article « CASANOVA (GIO GIACOMO) » ci-dessus mentionné, on lit (BIOGRAFIA || DEGLI ITALIANI ILLUSTRI||NELLE SCIENZE, LETTERE ED ARTI,||etc. VOLUME SECONDO, ||etc., page 397, col. 2, lig. 10—19). — BIOGRAFIA || DI || GIO. GIACOMO CASANOVA || SCRITTA DA || BARTOLOMEO GAMBA, etc., page 15e, lig. 11—20):

« X. Dopo quest'opera vogliono
» esser ricordati i due Opuscoli se-
» guenti, pubblicati dal Casanova in
» occasione di dispute ch'ebbe a so-
» stenere: *Solution du problème hé-*
» *liaque démontrée ec.* Dresde,
» Walter, 1794, in-4. — *Corollaire*
» *de la duplication de l'hexaidre,*
» *donné à Dux en Boeme.* Dres-
» de, 1790, otto pagine in 4. »

On trouve ici par erreur « *héliaque* » au lieu de « DÉLIAQUE », « 1794 » au lieu de « 1790 », et « hexaidre » au lieu de « hexaèdre ». Sur le *Corollaire de la duplication de l'héxaèdre* on donne des renseignements ci-après (page 18, lig. 3—13, notes (1)—(6), page 19, lig. 1—3, notes (1)—(5).

(3) Dans la première impression (1836) du texte français de son article cité ci-dessus relatif à Jean Jacques Casanova, cet opuscule est indiqué ainsi (BIOGRAPHIE||UNIVERSELLE, || ANCIENNE ET MODERNE.|| SUPPLÉMENT, || etc. TOME SOIXANTIÈME. || etc., page 262, col. 2, lig. 19—21):

« VI. *Solution du problème*
» *héliaque démontrée,* Dresde,
» 1790, in-4.» »;

où l'on trouve aussi par erreur « *heliaque* » au lieu de « DÉLIAQUE ». Dans la seconde édition du texte français de cet article on lit (BIOGRAPHIE || UNIVERSELLE, || ANCIENNE ET MODERNE, etc. NOUVELLE ÉDITION, etc. TOME SEPTIÈME, etc., page 101, col. 1, lig. 25—26):

« 6.° *Solution du pro-*
» *blème héliaque démontré,* Dresde, 1790, in-4.° »

Dans l'addition ci-dessus mentionnée de Gamba à la traduction italienne de cet article on lit (BIOGRAFIA || UNIVERSALE || ANTICA E MODERNA, || SUPPLIMENTO, etc. VOLUME IV, etc., page 578, col. 1, lig. 33—42):

« Dopo quest'opera vogliono es-
» ser ricordati i due opuscoli se-
» guenti, pubblicati dal Casanova
» in occasione di dispute ch'ebbe a
» sostenere: *Solution du problème*
» *héliaque, demontrée ec.* Dresde,
» Walter, 1794, in 4.to. — *Corol-*
» *laire de la duplication de l'héxai-*
» *dre donné à Dux en Boeme.* Dre-
» sde, 1790, otto pagine in 4.to. »

(4) Dans son article sur Casanova publié dans la NOUVELLE BIOGRAPHIE GÉNÉRALE et cité ci-dessus on lit (NOUVELLE || BIOGRAPHIE GÉNÉRALE, || etc. || Tome Huitième,||etc., col. 946, lig. 56—57):

« *Solution du problème héliaque*
» *démontrée*; Dresde, 1790, in-4.° »;

où l'on trouve par erreur, comme dans les articles cités ci-dessus de Gamba et de M. de Beauchamp « *héliaque* » au lieu de « DÉLIAQUE ».

(5) Dans sa NOTICE HISTORIQUE SUR LA DUPLICATION DE CUBE citée ci-dessus on lit (BULLETIN || DE || BIBLIOGRAPHIE, D'HISTOIRE || ET DE|| BIOGRAPHIE MATHÉMATIQUES,||PAR M. TERQUEM, etc., TOME DEUXIÈME, etc., page 37, lig. 26—29):

« 21. *Solution du problème déliaque,* démontrée par
» Jacques Casanova de Seingald, bibliothécaire de M. le
» comte de Waldstein, seigneur de Dux, en Bohème. A
» Dresde, 1791. »;

où l'on trouve par erreur « 1791 » au lieu de « 1790 ».

(6) Dans son article ci-dessus mentionné, relatif à Jacques Casanova de son « Biographisches Le-

tions 10ème et suivantes du « Conversations Lexikon » de Brockhaus (1), et la NOTICE SUR CASANOVA, etc., publiée en 1880 (2), citent cet opuscule.

Le second des trois opuscules mathématiques de Casanova est intitulé « CO-» ROLLAIRE ‖ A LA ‖ DUPLICATION DE L'HEXAEDRE ‖ DONNÉE A DUX EN BOHÊME ‖ PAR ‖ *JA-» CQUES CASANOVA DE SEINGALT* », et composé de 4 pages, dont la première n'est pas numérotée et les autres sont numérotées dans les marges supérieures 2-4. (3)

On a de cet opuscule les exemplaires suivants:

Bibliothèque Royale (Hof " und " Staatsbibliothek) de Munich « Math. P. » 64 in 4° »

Bibliothèque Royale, de Dresde « Mathem. 550, 8[m] ».

Bibliothèque du Château de Dux.

Frédéric-Guillaume-Auguste Murhard (4), Jean-Wolfgang Müller (5), Jean Rogg (6),

---

» xikon » on lit (Biographisches Lexikon, ‖ von ‖ Kaiserthums Oesterreich ‖ etc. Von ‖ Dr. Constant v. Wurzbach. ‖ Zweiter Theil, (Chinski-Cordova), etc., page 300, col. 1, lin. 22—23) :

« * *Solution du problème déliaque* »
» (Dresden 1790, 4.) »

(1) Dans la dixième édition de ce Dictionnaire on lit (Allgemeine deutsche ‖ Real-Encyklopädie ‖ für ‖ die gebildeten Stände. ‖ Conversations-Lexikon. ‖ Zehnte, ‖ verbesserte und vermehrte Auflage. ‖ In fünfzehn Bänden. ‖ Dritter Band, etc., page 689, lin. 44—45) :

« « Solution du problème déliaque démontrée » (Dresd. 1790). »

Dans l'onzième on lit (Allgemeine deutsche ‖ Real-Encylopädie ‖ für die gebildeten Stände ‖ Conversation-Lexikon ‖ Elfte. ‖ umgearbeitete, verbesserte und vermehrte Auflage, ecc., page 187, lige 55):

« Solution du problème déliaque démontrée » (Dresd. 1790).

Dans la douzième édition du même Dictionnaire on lit aussi (Conversations Lexikon ‖ Allgemeine ‖ deutsche ‖ Real-Encyclopædie ‖ Zwölfte ‖ umgearbeitete, verbesserte und vermehrte Auflage. ‖ In fünfzehn Bänden. ‖ Vierter Band, etc., page 373, lig. 11—12) :

« Solution du problème
» déliaque démontré (Dresde 1790) ».

(2) Dans cette NOTICE on lit (MÉMOIRES ‖ DE ‖ J. CASANOVA ‖ DE ‖ SEINGALT, etc. ‖ NOUVELLE ÉDITION, ‖ etc. ‖ TOME PREMIER ‖ etc., page XV, lig. 18—19) :

» *Solution du problème héliaque démontrée.* Dresde,
» 1790, In-4° ».

où l'on trouve aussi par erreur « héliaque » au lieu de « DÉLIAQUE ».

(3) Un article sur cet opuscule fut publié en 1792 dans le recueil intitulé « Allgemeine ‖ deut-» sche ‖ Bibliothek. ‖ Des hundert und elften Bandes ‖ zweytes Stück », etc. cité ci-dessus (Allgemeine ‖ deutsche ‖ Bibliothek ‖ Des hundert und elften Bandes ‖ zweytes Stück. ‖ Kiel, ‖ verlegts Carl Ernst Bohn, 1792, page 469, lig. 17—40, page 470). Cet article est intitulé (Allgemeine ‖ deutsche ‖ Bibliothek ‖ Des hundert und eilften Bandes ‖ zweytes Stück, etc., page 469, lig. 17—19) : « Corol-» laire à la duplication de l'hexaedre, don-‖née à Dux en Boheme, par *Jacques Casanova* ‖ de Seingalt ».

(4) Dans le second volume cité ci-dessus de sa BIBLIOTHECA MATHEMATICA on lit (Litteratur ‖ der ‖ mathematischen ‖ Wissenschaften. ‖ Von ‖ Fr. Wilh. Aug. Murhard. ‖ Zweyter Band », etc. — BIBLIOTHECA ‖ MATHEMATICA ‖ *AVCTORE* ‖ *FRID. GVIL. AVG. MVRHARD* ‖ VOLVMEN SECUNDUM, etc., page 128, lig. 3—7) :

« 1790 * Solution du problème Deliaque démontrée par
» *Jacques Casanova de Seingalt*, Bibliothécaire de Mr. le Comte
» de Waldstein, Seigneur de Dux en Bohème. Dresde. 4. »
» * Corollaire à la duplication de l'hexaèdre donnée à Dux
» en Bohème, par *Jacq. Casanova de Seingalt.* fol. I. Bog. ».

(5) Dans le volume intitulé « Repertorium ‖ der ‖ Mathematischen Literatur, ‖ in ‖ alphabetischer » Ordnung, ‖ von ‖ Johann Wolfgang Müller, ‖ Professor der Mathematik am Gymnasium zu Nürnberg. ‖ » Zweiter Theil, etc. (page 28, lig. 35—37, page 29, lig. 1—2) on lit :

« Casanova de Seingalt (Jean Jacques) solution du pro-
» blème Deliaque démontrée. Dresde, 1790. 4.
» —— corollaire à la duplication de l'hexaèdre, ib. 1790. 4

» Dieser Verfasser hat sich durch andere Schriften, vorzüglich
» durch die Beschreibung seiner Flucht aus dem Bleikam-
» mern Venedig's sehr bekannt gemacht ».

(6) Dans le premier volume (seul imprimé de sa BIBLIOTHECA) on lit (BIBLIOTHECA ‖ MATHEMA-

Barthélemy Gamba (1), MM. de Beauchamp (2), Gustave Desnoiresterres (3), M. le D.r Constant von Würzbach (4), et la NOTICE SUR CASANOVA ci-dessus mentionnée (5) citent cet opuscule.

Le troisième intitulé: « DÉMONSTRATION GÉOMETRIQUE || DE LA || DUPLICATION DU CUBE. || » COROLLAIRE SECOND », est composé de 2 pages non numérotées.

On a de cet opuscule deux exemplaires, dont l'un sans reliure est possedé par la Bibliothèque royale de Dresde et coté « 550, 8° », et l'autre se trouve dans la Bibliothèque du Château de Dux.

J. Rogg cite cet opuscule ainsi (6):

« Casanova de Seingalt, Jac., Démonstration géometrique de
» la duplication de Cube, Corollaire second (1/2 Bgn.), 4.
» *Dresden*. 1793 ».

TICA || SIVE || CRITICUS || LIBRORUM MATHEMATICORUM. || QUI || INDE AB REI TYPOGRAPHICAE EXORDIO AD ANNI || 1830mi USQUE FINEM EXCUSSI SUNT, || INDEX || AD || VARIOS USUS COMMODE DISPOSITUS || AB || J. ROGGIO. || SECTIO I. », etc. Handbuch || der || mathematischen Literatur, etc. *Erste Abtheilung*, etc. Bearbeitet || von || J. Rogg, etc., page 306, lig. 48—53):

« Casanova de Seingalt, Jac., Solution de Problème déliaque
» démontrée (63. S.), 4 *Dresden*, Meinhold. 1790.
» A. d. B. CXIII. 1. 126. †
» — Corollaire à la duplication de l'Hexaèdre donnée à Dux en
» Bohéme (1 Bgn.), fol. *Dresden*. 1790.
» A. d. B. CXI. II. 469 ».

Le renvoi « A. d. B. CXI. 11. 469 » indique l'article cité ci-dessus de la « Allgemeine || deutsche || Biblio» thek », ecc. relatif à l'opuscule intitulé « COROLLAIRE || A LA || DUPLICATION DE L'HEXAEDRE », etc.

(1) Dans un passage ci-dessus rapporté de son article sur Casanova publié dans la BIOGRAFIA || DEGLI ITALIANI ILLUSTRI, etc. on lit (BIOGRAFIA || DEGLI ITALIANI ILLUSTRI || NELLE SCIENZE, LETTERE ED ARTI, || etc., || VOLUME SECONDO, ecc. || page 396, col. 2, lig. 16—17. — BIOGRAFIA || DI || GIO. GIACOMO CASANOVA || SCRITTA DA || BARTOLOMEO GAMBA, etc. (page 15ème non numerotée, lig. 17—20):

« *Corollaire* » *de la duplication de l'héxaïdre,* » *donné à Dux en Boeme.* Dres» de, 1790, otto pagine in 4. »

Ce passage de l'article de Gamba cité ci-dessus, relatif à Casanova, se retrouve identiquement dans l'addition de Gamba à la traduction italienne de l'article de M. de Beauchamp, relatif à Casanova (BIOGRAFIA || UNIVERSALE || ANTICA E MODERNA || SUPPLEMENTO, etc. VOLUME IV, etc., pag. 578, col. 1, lig. 39—42):

(2) Dans la première édition (1836) de texte français de cet article on lit (BIOGRAPHIE || UNIVERSELLE, ANCIENNE ET MODERNE. || SUPPLÉMENT, || etc. || TOME SOIXANTIÈME || etc., page 262, col. 2, lig. 19—24) on lit:

« VI. *Solution du problème* » *héliaque démontrée*, Dresde » 1790, in-4° VII. *Corollaire à* » *la duplication de l'hexaèdre don*» *né à Dux en Boheme*, ibid., 1790, » une demi-feuille in-4.° »

Dans la seconde édition de ce texte on lit aussi (BIOGRAPHIE || UNIVERSELLE || ANCIENNE ET MODERNE, etc. || NOUVELLE ÉDITION, || etc. || TOME SEPTIÈME, || etc., page 101, col. 1, lig. 25—26):

« *Corollaire à la duplication de l'hexaèdre donné*
» *à Dux en Bohême*, ibid., 1790, une demi-feuille
» in-4.° ».

(3) Dans son article sur Casanova cité ci-dessus on lit (NOUVELLE || BIOGRAPHIE GÉNÉRALE, etc. Tome Huitième, etc., col. 946, lig. 57—59):

» Solution du Problème héliaque » démontrée; Dresde, 1790, in-4°, — *Corollaire* » *à la duplication de l'hexaèdre donnée à Dux* » *en Bohême*; ibid. 1790, une demi-feuille in-4.° »

(4) Dans l'article relatif à Casanova de son ouvrage cité ci-dessus on lit (Biographisches Lexikon || des || Kaiserthums Oesterreich, etc. v. Wurzbach. || Zweiter Theil, etc., pag. 300, col. 1, lig. 23—25):

« *Corollaire à*
» *la duplication de l' Hexaèdre* (Prag.
» 1790). »

(5) Dans cette NOTICE on lit (MÉMOIRES || DE || J. CASANOVA || DE SEINGALT, etc. NOUVELLE ÉDITION, etc. TOME PREMIER, etc., page XV, lig. 20—21):

« *Corollaire à la duplication de l'Hexaèdre donné à*
» *Dux, en Bohême*. Dresde, 1790. Une demi-feuille. In-4° ».

(6) BIBLIOTHECA || MATHEMATICA || SIVE || CRITICUS || LIBRORUM MATHEMATICORUM, || QUI || INDE AB REI TYPOGRAPHICAE EXORDIO AD ANNI || 1839mi USQUE FINEM EXCUSSI SUNT || INDEX || AB || VARIOS USUS COMMODE DISPOSITUS || AB || J. ROGGIO. || SECTIO I. || etc.,—Handbuch || der || mathematischen Literatur, etc. || *Erster Abtheilung*, || etc. || Bearbeitet || von || J. Rogg, etc., page 307, lig. 1—3.

On trouve des réflexions mathématiques dans les deux écrits suivants qui n'ont jamais été publiés et qui ont été acquis par la maison F. A. Brockhaus, en même temps que les *Mémoires* :

1. Essai sur les mœurs, sur les sciences et sur les arts (120 pages in folio.)
2. Rêveries sur la mesure moyenne de notre année selon la reformation grégorienne. par Jacques Casanova de Seingalt (66 pages in folio) (1).

Frédéric-Arnold Brockhaus acheta ces manuscrits par un contrat du 24 Janvier 1821 d'un certain F. Gentzel (2).

Enfin dans le COROLLAIRE ‖ A ‖ LA DUPLICATION DE L'HEXAEDRE, ‖ etc. (page 3, lignes 34–40) on lit:

> « Tout nombre d'augmentation d'un cube à son plus proche, en racine mo- » nome, est toujours augmenté d'un 6; il est toujours impair, parce que le nombre 1 qui a pré- » cédé le premier 6 est indestructible. Cet intermédiaire augmentatif est perpétuellement, et » alternativement composé une fois de 7, et deux fois de 10, il ne veut être également divisé » que par le nombre 1, comme je peux le faire voir à tout géomètre curieux avec plu- » sieurs autres vérités dans une Logarithmique de mon invention, ouvrage de très longue » haleine ».

Il faut donc ajouter à la liste des écrits mathématiques de Casanova « une » Logarithmique de son invention » elle n'a jamais été imprimée et n'a pu encore être retrouvée à Dux dans les papiers de Casanova.

I.

Solution du problème déliaque.

La *Solution du problème déliaque*, qui présente sur le *verso* du titre cette épigraphe (3) :

> « Malo autem aperte fateri me ignorari solutionem aliquorum argu- » mentorum quam eam dare quae forte a nemine intelligatur.
> » ARRIAGA. Disp. XVI. Phys. Sect. XII.
> » n.° 256. p. 435. »,

est divisée en vingt-trois chapitres.

Dans la préface au lecteur on trouve une figuration du cube curieuse, car elle est l'expression des sentiments dans lesquels Casanova est mort et dont

---

(1) Ces manuscrits nous ont été gracieusement communiqués par M. Brockhaus, nous avons pu les étudier à loisir: mais on comprend que nous nous abstenions d'en publier quelque partie, fût-elle une simple citation.

(2) Dans les volume intitulé « Friedrich Arnold Brockhaus ‖ Sein Leben und Wirken ‖ nach » Briefen und andern Aufzeichnungen geschildert ‖ von ‖ seinem Enkel ‖ Heinrich Eduard Brockhaus. ‖ » Zweiter Theil » ecc. (page 336, lig. 30—36, page 337, lig. 1—2, 29—37) on lit:

> « Gentzel nahm dieses An- » erbieten in Namen seies Freundes an und schon am 24 Januar » 1821 wurde ein Contract darüber abgeschlossen. Jetzt nannte sich » auch der Eigenthümer des Manuscripts: er unterschrieb sich Carl » Angiolini und versicherte, « dass sämmtliche Manuscripte sein recht- » » mässiges und unbestrittenes Eigenthum sind ». Ausser dem um- » fangreichen Manuscripte der Memoiren verkaufte Angiolini näm- » lich in demselben Contract an Brockhaus noch drei andere kleinere, » Manuscripte Casanova's ».

> « Diese noch jetzt im Besitze der Verlagshandlung befindlichen, aber nie veröffentlichten » Manuscripte, gleich dem der Memoiren eigenhändig von Casanova geschrieben, haben fol- » gende Titel: 1) « Essai de critique sur les mœurs, sur les sciences et les arts » (120 Sei- » » ten); 2) « A la Majesté impériale Royale Apostolique de Joseph II. Empereur des Ro- » mains etc. etc. Lucubration sur l'usure. Moyens de la détruire sans la soumettre à » des comminatoires » (74 Seiten); 3) « Rêveries sur la mesure moyenne de notre année » selon la reformation Grégoire par Jacques Casanova de Seingalt, Docteur es loix, » Bibliothécaire de Monsieur le comte de Waldstein-Vartemberg, Seigneur de Dux etc » En Bohême dans le bourg de Oberleitendorff, diocèse de Leitmeritz; dans le mois » d'Avril de l'an 1793. In pondere et mensura » (56 Seiten) ».

(3) Voici un fragment manuscrit conservé à Dux, qui établit la parfaite sincérité de l'auteur : « Je suis prêt avant même que de donner ma solution à applanir toutes les difficultés qu'on pour- » rait m'alleguer pourvu que ce ne soit pas en caractères algébriques que je ne connois pas: je ne con-

on trouve la profession de foi non-seulement au commencement des ses *Mémoires*, mais encore dans la lettre à Snetlage (1).

« Imaginez vous (dit il), un corps regulier qui est environné de ces » six faces, et vous verrez avec les yeux de votre raison un cube. » (2)

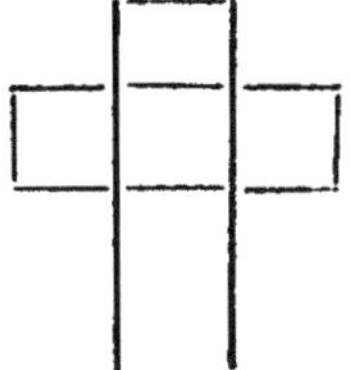

L'avis « *Aux Géomètres* » est un résumé de la solution. Nous ne saurions mieux faire que citer (3) :

« Voici la figure qui me sert de préparation à la so- » lution du trop vieux probleme.
« Le cube donné 64 occupe le quart de cette surface qui me repre » sente le cube huituple 512. Les trois moyennes proportionnelles » sont les cotés des cubes 5. 6. 7 qui se trouvent naturellement entre » le coté 4, et 8. La diagonale est la tangente qui par loi de nature » rend temoignage de l'exacte mesure de ces cinq solidités. Les huit » nombre tous impairs, qui sont au dessus des sept racines, indiquent les » quantités, que les cubes gagnent en progression à chaque unité adjointe.

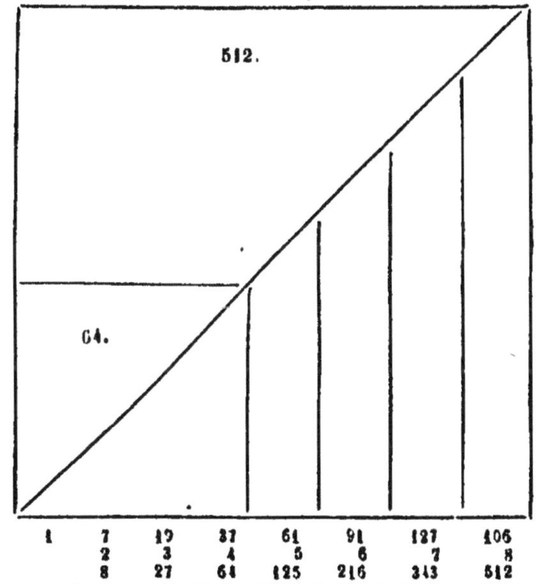

» nois que l'arithmétique et elle me sert comme si elle étoit universelle car quand on ne peut pas » aller à cheval on va à pied ».

(1) « Je ne suis sûr que d'une providence toute divine à laquelle l'homme sage ne doit rien » demander, car elle punit souvent par des recompenses comme elle recompense par des punitions. » La seule prière donc que l'homme sage doit à DIEU cent fois par jour, c'est: *ta volonté soit faite* ». (A || LÉONARD || SNETLAGE, etc., page 87, lig. 2—9).

(2) SOLUTION || DU || PROBLEME DELIAQUE || DÉMONTRÉE || PAR || JACQUES CASANOVA DE SEINGALT || BIBLIOTHECAIRE DE MONSIEUR LE COMTE DE WALDSTEIN, || SEIGNEUR DE DUX EN BOHÊME &c. || A DRESDE || DE L'IMPRIMERIE DE C. C. MEINHOLD. || 1790, page 2, lig. 8—9.

(3) SOLUTION || DU || PROBLEME DELIAQUE || DÉMONTRÉE || PAR || JACQUES CASANOVA DE SEINGALT, etc., page 3, lig. 9—17, pages 4—9.

» Cette figure me demontre qu'allogeant le coté donné d'une unité » il me donnera un cube de 125 et qu'avec $\frac{3}{91}$ de la même unité j'aurai » 128, qui étant le double de 64 me donnera double la solidité du cube » donné. En même tems j'aprens qu'à la place des trois cotés des cubes » naturels intermédiaires je dois tracer deux côtes des cubes propor- » tionels à la racine binome; dont le premier sera mon cube de duplica- » tion. Je vois que la même. diagonale du cube à racine huit devra » être la tangente qui me démontrera l'exactitude de mon opération: Je » vois aussi que le cube donné étant 64, et le dupliqué 128, ma seconde » moyenne proportionnelle devra être de 256, qui étant la moitié de 512 » m'assurera que mon opération est juste d'abord que l'hypothénuse du » cube quadruple se trouvera égale au coté de l'octuple, celle de mon cube » dupliqué égale au coté du quadruple et celle du donné égale au côté du » dupliqué. Voici la figure qui demontre la verité. *Quel que soit la* » *grandeur d'un cube, on l'aura dupliqué d'abord qu'à son coté me-* » *suré* 364, *on ajoutera* 94, et qu'une diagonale tangente, et une hypo- » thenuse connue m'en rendront sûr.

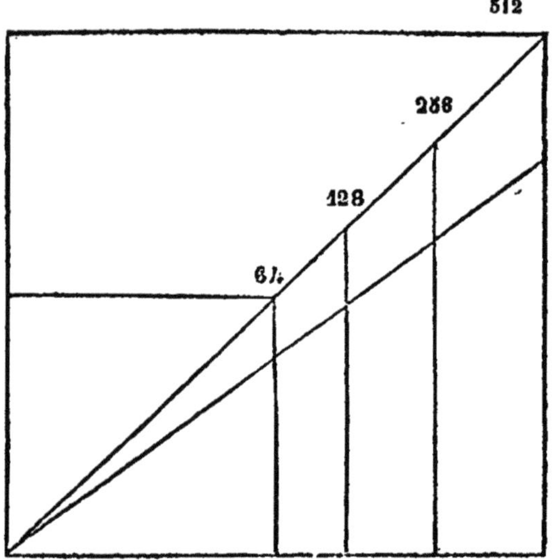

» Si cette verité n'est pas demontrée géométriquement, il sera faux » en géométrie que la diagonale d'un carré soit le côté d'un double, et que » l'hypothenuse *au carré long* soit celui d'un carré qui ait 16 + 9.

» Lorsqu' un homme, qui raisonne en bon géomètre, a pris une me- » sure, en conséquence de la quelle il prononce la solution d'un problème » par un nombre déterminé, et qu'il en a demontré l'infaillibilité, il ne lui » reste plus rien à faire. Une verité constatée par une démonstration a pour » avocat la nature, et son juge en dernier ressort ne peut être que la raison: » la voix de l'ignorance qui pourroit s'élever pour la combattre est meprisée. » Ainsi, Messieurs, ce n'est qu'à vous que je veux déférer, à vous qui » bien loin d'être rebutés par la conviction, la cherissez et qui adorateurs » de la verité rendez avec votre raison le plus pur hommage à sa source. » Qu'il me soit donc permis d'espérer que dorénavant il ne sera plus » question du monde de la duplication du cube. Mais ce n'est pas de moi » que nos contemporains doivent en recevoir la nouvelle, car on ne me » compte pas entre les respectables membres de votre corps, mais de vous, » puisque tout ce que j'ai fait est tout à l'honneur de votre science, dont je » ne connois que les seuls principes. Voici une petite analyse qui peut » être de quelqu'utilité. La nature, qui commence où l' art finit, ne

» peut faire un cube qui n'ait en racine en juste proposition toutes les » quantités qu'il renferme. La racine de mon dupliqué est binome, comme » celle de ma seconde moyenne proportionnelle. On peut donner un cube » double en solidité, mais un ange même ne sauroit le donner par une ra- » cine monome, car en physique ou ne connoit rien au dessus d'un.

» La division de cette ligne en huit et de chaque huitieme en seize » represente (en conformité de mon idée) le coté donné jusqu'a sa moitié; » et le coté huituple en cube jusqu'à sa fin. J'ai voulu savoir combien » j'aurois perdu depuis 64 jusqu'au 512 si je n'avois pas ajouté au quart » les $\frac{8}{91}$.

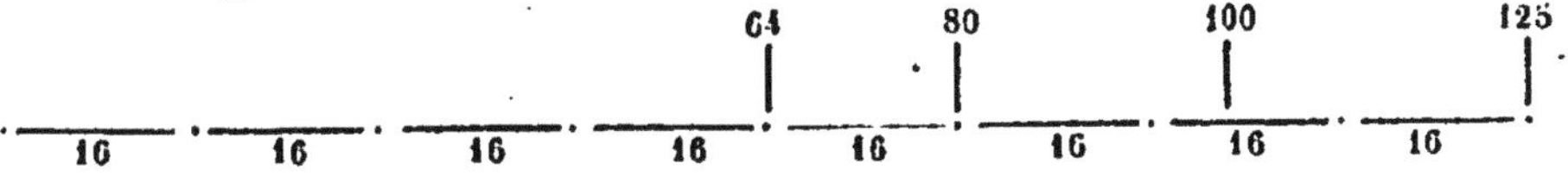

» $64 + 16 + 20 + 25 = 125$. L'omission des $\frac{8}{91}$ m'a donc fait per- » dre $\frac{8}{128}$ dans le cube huituple. Chaque 128me doit donc valoir $\frac{5}{91}$ et » $\frac{11}{16}$. Par conséquent $\frac{8}{128}$ vaudront $\frac{17}{91}$ et $\frac{1}{16} = \frac{273}{16} = \frac{8}{91}$ de 16. » Il est donc égal de calculer 128×91, ou 728 par 16, puisque $16 \times$ » $91 = 1456$, et $8 \times 1456 = 11648$. Et également 128×91 » $= 11648$.

» Ce qui fait ces calculs est la raison géométrique, et non pas le » compas qui n'a pas le privilège de partir du point mathématique.

» J'ai tracé trois paralleles égales l'une sous l'autre; la première di- » visée comme celle ci-dessus, la seconde divisée en 728, la troisième en » 11648. Les divisions de la seconde sont 91mes de 16, et celles de la » troisième sont 16mes de 91mes de 16, Trois perpendiculaires, par » une exacte intersection, coupent au point les trois divisions. La » premiere sépare 64. 364. 5824. La seconde, qui est mon cube du- » pliqué, sépare du quadrupliqué 80 $\frac{4}{9}$ $\frac{8}{1}$, 458. 7328. La troisième sé- » pare de l'octupliqué 101 $\frac{4}{9}$ $\frac{8}{1}$, 576 $\frac{8}{16}$ et 9344.

» Je me suis fatigué en vain pour trouver dans ma duplication la » difference d'un atome. Voici un autre flambeau à l'Euclide sur l'autel » de la verité, puisque je ne sais pas l'algèbre.

Div. en. 128	Div. en 728	Div. en 11648.	
64 16 $\frac{42}{91}$	364 94	5824 1504	donné.
80 $\frac{45}{91}$ 20 $\frac{16}{91}$	458 118 $\frac{8}{16}$	7328 2016	2 pliqué.
101 $\frac{42}{91}$ 26 $\frac{48}{91}$	576 $\frac{8}{16}$ 151 $\frac{8}{16}$	9344 2304	4 pliqué.
64	364	5824	
128	728	11648	8 pliqué.

» Hipocrate de Scio prononça que par deux moyennes proportionnelles la » duplication du cube seroit faite et demontrée. Il dit vrai, mais il fal» loit montrer le moyen de les faire; c'est ce qu'il ne fit pas. C'est à » moi qu'il a laissé cet honneur.

» Les deux moyennes proportionnelles se trouvant entre le cube » donné, et l'octuple, montrent aux yeux leurs trois distances respectives. » Celle entre le cube donné, et le dupliqué est de 48, entre celui ci et le » quadruple 86, et jusqu'à l'octuple on trouve 139: ce qui fait 273; » 3 × 91 = 273.

» Dans le meme tems, Messieurs, que je soumets a votre savoir ma » duplication, je vous demande en grace de ne pas m'epargner, si vous la » trouvez frivole, ou fautive. Faites que le public le sache, car je ne veux » pas lui imposer; mais si vous la trouvez digne de votre approbation, je » vous supplie également de faire que tout le monde le sache. Ce qui me » laisse esperer que vous aurez cette complaisance est votre probité, qui » vous distingue autant que votre science vous honore. Je suis avec le » plus grand respect,

» Messieurs

» Dux en Boheme,
» ce 30 May 1790.

» Votre très humble et très-obeissant Serviteur
» *Jaques Casanova de Seingalt.* »

Casanova crut d'abord avoir donné une solution exacte; il ne pouvait en donner qu'une solution approchée. D'après l'énoncé du problème, le rapport du cube cherché au cube donné doit être 2. Donc le rapport du côté du cube cherché au côté du cube donné doit être $\sqrt[3]{2}$. Pour Casanova le rapport de ces deux côtés est égal à $\frac{364 + 94}{364} = 1,2582417$. . . . élevez au cube cette valeur, vous obtenez 1,991414, valeur assez éloignée de 2, si l'on considère les expressions de $\sqrt[3]{2}$ données à 28 décimales (1), puis à 50 décimales (2) par M. Gray, au moyen du procédé de Horner; mais il ne faut pas être trop sévère à l'égard de Casanova. La plupart des solutions que l'Antiquité et les Temps Modernes ont données du problème de la Duplication du Cube supposent l'emploi de la règle et du compas. Or ces deux instruments que l'on considérait comme exacts d'une exactitude analogue à la rigueur géométrique, ne sont pas des instruments exacts, puisqu'il n'y avait pas de procédé pour construire une

(1) « NUMERICAL VALUES OF CERTAIN || QUANTITIES. || By *Peter Gray*, *F. R. A. S.*, *&c.* » -- (THE || MESSENGER OF MATHEMATICS || EDITED BY || W. ALLEN WHITWORTH, M. A., || FELLOW OF ST. JOHN'S COLLEGE, CAMBRIDGE || R. PENDLEBURY, M. A., || FELLOW OF ST. JOHN'S COLLEGE, CAMBRIDGE. || VOL. V. || MACMILLAN AND CO., || London and Cambridge. || EDINBURGH: EDMONSTON & DOUGLAS. GLASGOW: JAMES MACLEHOSE. || DUBLIN: HODGES, FOSTER & CO. OXFORD: JOHN HENRY AND J. PARPER. || 1876, page 172, page 173, lignes 1—19, No. LIV.] NEW SERIES. [March, 1876).

(2) « VERIFICATION AND EXTENSION OF THE || VALUE OF THE CUBE ROOT 2. || By *Peter Gray F.* » *R. A. S.* &c. » (THE || MESSENGER OF MATHEMATICS, || EDITED BY || W. ALLEN WHITWORTH, M. A., || FELLOW OF ST. JOHN'S COLLEGE, CAMBRIDGE, || C. TAYLOR, M. A., || FELLOW OF ST. JOHN'S COLLEGE, CAMBRIDGE. || R. PENDLEBURY, || M. A., || FELLOW OF ST. JOHNS COLLEGE, CAMBRIDGE. || J. W. L. GLAISER, M.A., F.R.S., || FELLOW OF TRINITY COLLEGE, CAMBRIDGE. || VOL. VII. || [MAY. 1877. — APRIL, 1878]. || MACMILLAN AND CO. || London and Cambrige || EDINBURGH: EDMONSTON & CO. GLASGOW: JAMES MACLEHOSE. || DUBLIN: HODGES, FOSTER & CO. OXFORD: JOHN HENRY AND J. PARKER || 1878, page. 51, lignes 22—32, pages 52—54. N.° LXXVI.] NEW SERIES. [August, 1877.)

ligne droite, avant le compas du Colonel Peaucellier (1). Une des plus remarquables solutions est la solution de Dioclès qui imagina dans ce but la cissoide. Newton a donné un procédé pour décrire cette courbe; mais dans ce procédé il y a une glissière. Au contraire le compas de Peaucellier permet de décrire la cissoide d'un mouvement continu par un appareil articulé sans glissières. Ce n'est que tout récemment que M. Sylvester, grâce à des modifications dans ce remarquable appareil, a pu donner directement la première solution pratique du fameux problème de la duplication et en général de la multiplication cubique (2).

Casanova dut éprouver quelque désillusion de ce premier volume. Il attribua le peu de succès de l'ouvrage à sa longueur:

> « Dans tout ce que j'ai dit dans mon ample traité sur le cube, je crois avoir trop dit. Le » laconisme triomphe de la prolixité asiatique ». (3)

Donc Casanova se résume dans son Corollaire. — Nous publions (4) deux brouillons de la lettre qui dut accompagner l'envoi du Corollaire à S. A. Electorale, probablement à Marie Amélie, Electrice de Saxe, fille de feu Fréderic, prince Palatin de Deux-Ponts et femme de Frédéric Auguste (5). Il envoya l'opuscule à l'Académie de Berlin; mais la réponse de Formey et le jugement d'Abel Burja, joint à la lettre de Formey, que nous publions en appendice, durent

---

(1) « NOTE SUR UNE QUESTION DE GÉOMÉTRIE DE COMPAS PAR M. PEAUCELLIER. » (NOUVELLES ANNALES || DE || MATHÉMATIQUES. || JOURNAL DES CANDIDATS || AUX ÉCOLES POLYTECHNIQUE ET NORMALE, || RÉDIGÉ || PAR MM. GERONO, || PROFESSEUR DE MATHÉMATIQUES, || ET || CH. BRISSE || ANCIEN ÉLÈVE DE L'ÉCOLE POLYTECHNIQUE, || AGRÉGÉ DE L'UNIVERSITÉ. || DEUXIÈME SÉRIE. || *TOME DOUZIÈME* || PUBLICATION FONDÉE EN 1842 PAR MM. GERONO ET TERQUEM, || ET CONTINUÉE PAR MM. GERONO, PROUHET ET BOURGET. || PARIS, GAUTHIER-VILLARS, IMPRIMEUR LIBRAIRE || DU BUREAU DES LONGITUDES, DE L'ÉCOLE POLYTECHNIQUE, || SUCCESSEUR DE MALLET-BACHELIER, || Quai des Augustins, n° 55. || 13, pag. 71 lignes 19—25, 27—29, pages 72—77, page 78, lig. 1—14). FÉVRIER 1873.

(2) « J. J. SYLVESTER, Esq. M. A. LL. D. F. R. S. || CORRESPONDING MEMBER OF THE INSTI- » TUTE OF FRANCE, || On recent Discoveries in Mechanical Conversion of Motion. » (NOTICES || OF THE || PROCEEDINGS || AT THE || MEETINGS OF THE MEMBERS || OF THE || Royal Institution of Great Britain, || WITH || ABSTRACTS OF THE || DISCOURSES || DELIVERED AT || THE EVENING MEETINGS. || VOL. VII. || 1873—1875. || LONDON: || PRINTED BY WILLIAM CLOWES AND, || SONS, || STAMFORD STREET AND CHARING CROSS. || 1875, page 179, lig. 5—36, page 180—184). — WEEKLY EVENING MEETING || Friday, January 23, 1874. — « INSTITUTION ROYALE DE LA GRANDE-BRETAGNE || LECTURES DU VENDREDI » SOIR || M. J.-J. SYLVESTER || de l' Institut de France et de la Société Royale de Londres || Trans- » formation du mouvement circulaire en mouvement || rectiligne ». (LA || REVUE SCIENTIFIQUE || DE LA FRANCE ET DE L'ÉTRANGER || REVUE DES COURS SCIENTIFIQUES (2e SÉRIE) || COLLÉGE DE FRANCE MUSEUM || D'HISTOIRE NATURELLE — SORBONNE — ÉCOLES DE PHARMACIE || FACULTÉS DE MÉDECINE — SOCIÉTÉS SAVANTES || FACULTÉS DES SCIENCES UNIVERSITÉS ÉTRANGÈRES || CONFÉRENCES LIBRES || TRAVAUX SCIENTIFIQUES FRANÇAIS ET ÉTRANGERS || Avec figures intercalées dans le texte. || DEUXIÈME SÉRIE || TOME XIV. DE LA COLLECTION || 4e ANNÉE — 1er SÉMESTRE || JUILLET 1874 A JANVIER 1875. || PARIS || LIBRAIRIE GERMER BAILLIÈRE || 17, RUE DE L'ÉCOLE-DE-MÉDECINE, 17° || 1874, pag. 490, col. 1, 2).

(3) COROLLAIRE || A LA || DUPLICATION DE L'HEXAEDRE || DONNÉE A DUX EN BOHEME || PAR || JACQUES CASANOVA DE SEINGALT, page 2, lig. 8—9.

(4) Voir l'Appendice.

(5) La Bibliothèque Royale de Munich possède un exemplaire coté « 8.° Gall. rev. 25 » d'un volume in 8.° intitulé « ALMANACH || ROYAL, || ANNÉE COMMUNE || M.DCC.LXXXX || A SA MAJESTÉ || *Pour » la première fois en* 1699. || PAR LAURENT D'HOURY, ÉDITEUR. || MIS EN ORDRE ET PUBLIÉ || PAR » DEBURE, GENDRE DE FEU M. D'HOURY. || *De l'Imprimerie de la Veuve* D'HOURY & DE BURE, *Impri- || » meurs-Libraires de Monseigneur le Duc* D'ORLÉANS, *rue || Hautefeuille, près celle des Deux Portes.* || » AVEC APPROBATION ET PRIVILÉGE DU ROY ». Dans ce volume on lit:

« MARIE AMÉLIE, Electrice de Saxe, fille de feu Frédéric,
» Prince Palatin de Deux-Ponts- *née* 10 Mai 1752. »

être pénibles à sa vanité. Ce ne sont probablement que des notes isolées d'un concert d'objections qui doivent se retrouver enregistrées à Dux. Aussi le *Corollaire second* n'est plus seulement un résumé : c'est une rectification. Elle n'est pas claire : mais voici au fond les réflexions de Casanova :

« Le procédé peut suffire en pratique, mais la théorie est impérieuse, $458^3 = 96071912$ tandis » que le double du cube de (364) est seulement 48228544 ; ce manque de 383176 doit être comblé » dans la racine. Il faut ajouter à 458 les $\frac{79}{21}$ de $\frac{1}{458} + \frac{22}{72} + \frac{10}{22} + \frac{6}{10} + \frac{4}{6}$, c'est-à-dire $\frac{27490240}{84394360}$ ».

Casanova a rédigé un troisième Corollaire ; mais cette suite n'a pas été imprimée. Voici un extrait des manuscrits conservés à Dux :

« Quelques vérités positives. Corollaire troisième dans la duplication de l'hexaedre géométriquement demontrée par J. Casanova de Seingalt.

I. L'Hypothénuse carrée d'un triangle rectangle donne la somme des carrés des deux cathètes.

II. La base d'un triangle rectangle allongée ou double comme les deux autres cotés eu proportion donne un carré quadruple du générateur.

III. La même base donnée carrée et cubique donne un cube huit fois plus grand que celui qu'elle aurait donnée étant simple.

IV. La diagonale d'un carré allongée du double donne un carré quadruple de son générateur ; la racine de ce carré quadruple sera par conséquent celle d'un cube octuple.

V. Le cube est au carré comme le carré à la racine, comme la racine à l'unité. Donc le cube est à la racine comme le carré à l'unité. Donc cube, carré, racine et unité seront entre eux dans la même raison. »

Ici s'arrête la partie technique des traités sur la duplication du cube. Mais il y a bien autre chose que des chiffres dans la *Solution du problème déliaque*. On en jugera par cet Index :

Aux Lecteurs. — Aux Géometres. — Grandeur. — Mécanique. — Forme. — Equilibre. — Augmentation. — Vitesse. — Nature. — Abstractions. — Verité. — Infini fini. — Matière sans étendue. — Progressions cubiques. — Analyse du cube. — Racine. — Musc. — Raisonnemens spécieux. — Illusions. — Evidences. — Expériences. — Conclusion. — Esprit du géomètre.

Il y a dans le chapitre *Grandeur* quelques lignes qui nous montrent l'auteur sous un jour imprévu. Casanova disciple de Kant, en un temps où la doctrine du célèbre philosophe n'était guère répandue, écrivait (1) :

« . . . . L'indivisibilité de ces êtres fait la » richesse de la science, l'espace, et le tems sont des êtres abstraits » qui n'existent que dans l'imagination : ainsi il n'est pas possible de se » figurer l'existence du tems avant celle de l'homme, ni celle de l'espace » avant l'homme, qui l'a conçu, en voyant la matière, car la matière ne sauroit etre que dans l'espace, tout comme il ne peut exister d'espace sans » la matière. »

(1) SOLUTION ‖ DU ‖ PROBLÈME DELIAQUE, ecc., page 11, lig. 4—10.

Citons ce rapprochement vraiment ingénieux entre une équation et un phénomène d'équilibre (1) :

» Le seul vrai equilibre est le physique dépendant des poids, des mou-
» vemens des forces en opposition, et des équations vérifiées en arithméti-
» que. »

et cette remarque très judicieuse sur les découvertes (2) :

« . . . . . L'excellente découverte, qui qualifie celui
» qui l'a fait pour plus qu'homme, est celle qui pour être faite n'a pas eu
» besoin qu'un autre ait fait une plus eminente découverte avant lui, com-
» me ce seroit l'Algébre, qui fait beaucoup d'honneur à son inventeur,
» mais qui doit ceder à celui qui découvrit avant lui l'Arithmétique ».

Voici une page de vraie philosophie (3) :

« Quels sont les
» grands hommes qui n'allerent pas à taton pour decouvrir les chemins plus
» courts? Nous savons que Pythagore ne decouvrit qu à taton la propriéte
» de la diagonale du carré, sans cela il n'aurait pas marqué aux Dieux sa
» reconnaissance par une Ecatombe, qui dut le ruiner, car nous savons
» qu'il n'étoit pas riche. Une découverte faite par hazard diminue il est
» vrai le mérite de celui qui la fait, mais celui de savoir en faire un bon usage
» n'est pas des plus petits. Ce fut le hazard qui fit connoitre le magnetis-
» me, l'aimant, mais l'inventeur de la boussole n'est pas pour cela moins
» illustre. Tout ce que nous savons en chimie est du au hazard, mais le
» hazard n'auroit pas suffi aux chimistes s'ils n'y avoient pas joint le rai-
» sonnement. Pourvu que nous parvenions à savoir le vrai, ne soyons
» pas honteux de le chercher comme des aveugles, nous serons encore
» assez héureux si nous le trouvons. Ne décourageons pas ceux qui le
» cherchent. »

A la vue de tant d'idées anciennes qui renaissent, on ne peut que souscrire à ces sages réflexions (4) :

« Les modernes, sans contredit, surpassent en science les anciens,
» puis qu'il savent ce qu'ils ont laissé par écrit, et ce qu'ils ont décou-
» vert de nouveau eux mêmes, mais me seroit il permis de dire qu'ils
» n'ont pas bien réfuté tout ce qu'ils nient? La posterité peut être vengera
» les anciens; et les modernes à la même condition des anciens ne pour-
» ront pas se défendre. Malgré cela, écrivons toujours, et donnons su-
» jet aux critiques de ceux qui naîtront après nous, et qui pour découvrir
» nos bévues deviendront plus savans que nous.

Enfin nous citerons tout au long l'*Esprit du Géomètre*, des pages qui rappellent l'*Esprit Géométrique* de Pascal (5) :

« §. XXI.

» *Esprit du Géomètre.*

» La Géométrie est la science de la raison et le géomètre est le plus sa-
» vant des hommes, si nous exceptons celui qui sauroit outre cela toute
» l'histoire naturelle. Le génie du géomètre n'a pas des bornes. Con-
» noisseur de la propriété de la matière, et toujours certain dans ses me-
» sures, son raisonnement est une démonstration continuelle de la vérité.

« Malgré cela, quand on dit dans toutes les langues connues un tel
» est homme d'esprit, il est sûr qu'on ne veut pas désigner un géomètre,
» Il doit cependant avoir toutes les qualités de l'esprit pour être mediocre,

(1) SOLUTION DU PROBLÈME DELIAQUE, ecc., page 10, lig. 8—10.
(2) SOLUTION DU PROBLÈME DELIAQUE, ecc., page 24, lig. 20—24.
(3) SOLUTION DU PROBLÈME DELIAQUE, ecc., page 38, lig. 15—25, page 39, lig. 1—4.
(4) SOLUTION DU PROBLÈME DELIAQUE, ecc., page 58, lig. 3—10.
(5) SOLUTION DU PROBLÈME DELIAQUE, etc., pages 61—62, page 63, lig. 1—14.

» et plus que de l'esprit pour être grand, car sans ce qu'on appelle Gé-
» nie il n'en obtiendra jamais le titre. Si celui d'homme d'esprit ne lui
» convient pas, qu'est-ce donc qu'un géomètre, et qu'est-ce qu'un
» homme d'esprit? L'un n'exclue pas l'autre: mais il faut que la diffé-
» rence soit bien grande, car on prétend de faire un beau compliment
» à un géomètre, quand on dit de lui qu'il a beaucoup d'esprit et mê-
» me du gout, et quand on s'étonne que M. de Fontenelle ait pu se mê-
» ler des mathématiques, et que Pascal ait également brillé dans les deux
» genres, comme le célèbre abbé Boscovich, dont on conserve des super-
» bes pièces de poésie latine.

« Il faut donc croire que si le géomètre n'est pas ce qu'on appelle
» homme d'esprit, ce ne puisse être qu'à cause que son esprit est différent
» de celui qu'on appelle comunement ainsi.

« Le géomètre est l'homme de la raison, dont on admire le fin juge-
» ment, l'homme qui pense, et qui ne prononce qu'après avoir calculé,
» et qui paroit lourd, et tardif, parce que rien ne pouvant se faire que dans
» un intervalle de tems, il y employe sans épargne tout celui qu'il
» trouve nécessaire à l'examen de l'objet sur le quel il est invité à
» parler. Il ne cherche pas à briller: il ne dit pas de bons mots, et sou-
» vent il n'en connoit pas la finesse. Il ne se rend pas aimable par la fri-
» volité; il ne se dilate pas en complimens; et il néglige même une cer-
» taine politesse. L'homme d'esprit est tout autre chose.

» C'est l'homme habile à prendre son parti; l'homme à ressources,
» et aux expédiens, excellent pour mener une intrigue, et pour cabaler.
» Il est rusé, hardi, insinuant, séduisant, et jamais dupe, malgré que
» dans sa qualité d'homme d'esprit, il doive souvent donner au hazard,
» chose que le géomètre ne fait qu'après un calcul politique de la plus
» longue haleine. L'homme d'esprit connoit peu les livres, mais beau-
» coup le monde, et le caractère des hommes, car son fort est de tirer
» parti de tout. Il peut être bon politique, excellent ministre d'état, et
» savant dans l'art difficile de se captiver le suffrage de tous ceux, dont
» il peut avoir besoin. Le géomètre ne vaut rien pour tout cela; il sup-
» pose à tout les hommes ses mêmes lumières et dans les cercles de mode,
» où l'on veut rire, médire avec grace, s'amuser, et entendre débiter des
» nouvelles, on le trouve souvent un peu bête. Il peut être sublime dans
» sa science, et n'avoir pas seulement l'ombre de la belle littérature; il
» peut ne faire aucun cas de la poësie, ne savoir pas faire un vers, ne sa-
» voir que médiocrement l'histoire et n'être ni éloquent, ni écrivain
» qui se distingue par la beauté du style.

» Malgré tout cela son esprit sera sublime, surprenant pour sa justes-
» se, distingué par le coup d'oeil, considérant, et examinant tout, et
» n'admirant rien. Les passions auront très-peu de force sur lui, car
» n'étant jamais oisif, il ne leur laisse jamais le tems de se mettre en mou-
» vement et de lui tendre des pieges. Par cette raison, on ne voit que
» très rarement un géomètre avare, ambitieux, ou fasteux. S'il devient
» amoureux il ne l'est que tres froidement, et il ne fait rien pour se faire
» des amis, ou des ennemis.

» Dans la dispute, il ne se fache jamais, parceque la colère trouble
» la raison; et les démonstrations, d'ailleurs, sans lesquelles il ne rai-
» sonne jamais, demandent tranquillité parfaite, et sang froid. Il jouit
» du grand privilége de ne jamais s'ennuyer, il calcule tout; et c'est peut
» être la raison qu'ordinairement il vit dans le célibat. Les hommes
» d'esprit à la fin ne sont pas rares; et les géomètres le sont ».

II.

Essai de critique sur les moeurs, sur les sciences et sur les arts.

Ce remarquable ouvrage est divisé en trente parties précédées d'un avant propos. Voici les titres: Esclavage. – Liberté. – L'homme à son aise. – Les riches. – Les souverains. – Abolition de la peine de mort. – Majesté. –

Morale. – Politique. – Logique. – Histoire Naturelle. – Chimie. – Mathématique. – Théologique. – Mécanique. – Courage. – Religion. – Croyance. – Athées. – Astronomie. – Liberté morale. – Remarque. – Théologie surnaturelle. – Histoire. – Poësie. – Poëme épique. – Architecture. – Peinture. – Langue latine.

Dans le chapitre *Histoire naturelle* il y a une vue large qui depuis le XVIIIe siècle est devenue le système de l'évolution. Casanova remarque expressément que le plus haut degré de la vie végétale se confond avec les degrés les plus infimes de la vie animale, que les limites du règne minéral se confondent avec les limites du règne végétal ; il montre avec insistance le caractère tout subjectif de la division des trois règnes.

Dans le chapitre *Chimie* il ne repousse pas l'idée de la possibilité de trouver la pierre philosophale.

Enfin il proteste judicieusement dans le chapitre *Mathématique* contre les applications prématurées que certains de ses contemporains tentèrent des mathématiques à la physiologie.

III.

Rêveries

sur la mesure moyenne de notre année selon la réformation grégorienne.

Ces *Rêveries* sont divisées en vingt paragraphes. Elles sont écrites sans prétention. Casanova n'écrit, dit-il, que pour se défendre d'un cruel ennemi qu'on appelle l'*Ennui*. Elles décèlent une grande pratique des ouvrages d'astronomie. L'auteur connait parfaitement les différentes mesures que l'on a données de l'année solaire ; il fait l'histoire des divisions de l'année : les calendriers de Romulus, Numa, Jules César, sont appréciés. L'oeuvre du Concile de Nicée, les représentations des fidèles au Concile de Constance, les réclamations de Jean Stoeffler, de Jean-Marie Tolosan ne sont pas omises ; enfin la grande entreprise de Grégoire XIII (Boncompagni) est dignement jugée. Il y a quelques corrections intéressantes à l'article AN de l'Encyclopédie, par D'Alembert. Le célèbre encyclopédiste dit que, malgré la réforme, il y a encore un jour de mécompte dans notre année, au bout de soixante douze siècles, puisqu'il y a une faute d'une heure et vingt-deux minutes au bout de quatre siècles. Casanova observe qu'il fallait dire d'une heure et vingt minutes. Lui-même, il se corrige. Il demande pardon au public de s'être trompé dans la duplication du cube. Il a reconnu son erreur six mois après ; mais il a reconnu en même temps l'impossibilité de cet équation. Que désirer de plus ?

L'ouvrage se couronne par des rêveries sur la lune, des anecdotes, enfin une relation des entretiens de Casanova avec Cathérine II sur la réformation grégorienne, relation qui concorde parfaitement avec les Mémoires (1).

Mentionnons, en terminant, un rarissime ouvrage publié à Prague, en 1787, en cinq volumes, petit in-8°, dont le premier (2) est intitulé dans sa première page « ICOSAMERON || OU || HISTOIRE || D'ÉDOUARD || ET || D'ELISABETH || qui passèrent quatre vingts un » ans chez les || Mégamicres habitans aborigènes du Protocosme || dans l'intérieur du » notre globe, traduite || de l'anglois par || JACQUES CASANOVA || DE SEINGALT VÉNITIEN || » Docteur ès loix Bibliothécaire de Monsieur le comte || de Waldstein seigneur » de Dux Chambellan || de S. M. J. R. A. || A Prague à l'imprimerie de l'é- » cole normale » (3). Cet ouvrage cité par Quérard (4), et Eusèbe G* (5), analysé pour la première fois par M. Lorédan Larchey (6), et dont un exemplaire est possédé par la Bibliothèque publique royale de Dresde, contient la relation d'un voyage vers un pays merveilleux situé au centre de la terre. Naturellement on croyait depuis longtemps les voyageurs morts dans un naufrage.

Dans ce fatras de fantaisies se noie plus d' une idée intéressante. Voici un passage curieux, transcrit par M. Lorédan Larchey (7):

---

(1) MÉMOIRES || DE || J. CASANOVA || DE SEINGALT || ÉCRITS PAR LUI-MÊME || SUIVIS DE || FRAGMENTS DES MÉMOIRES DU PRINCE DE LIGNE || NOUVELLE ÉDITION || COLLATIONNÉE SUR L'ÉDITION ORIGINALE DE LEIPSICK || TOME SEPTIÈME || PARIS GARNIER FRÈRES, LIBRAIRES-ÉDITEURS || 6, RUE DES SAINTS-PÈRES, 6, page 193, page 194, lig. 1—17.

(2) Ce premier volume est composé de 304 pages, dont les 1ère—3e, 33e, 141e, 183e, 239e, 298e, 304e ne sont pas numérotées, et les autres sont numérotées IV—XXXII, 2—108, 110—150, 152—206, 208—265, II—VI.

(3) Le même titre se trouve identiquement dans les lignes 1—15 du frontispice de chacun des tomes 2—5 de cette édition.

(4) LA FRANCE || LITTÉRAIRE || OU || DICTIONNAIRE BIBLIOGRAPHIQUE || etc. TOME SECOND || PARIS || M DCCC XXVIII, page 68, col. 2, lig. 54—56, page 69, col. 1, lig. 1—4.

(5) REVUE || DES ROMANS. || RECUEIL D'ANALYSES RAISONNÉES || DES PRODUCTIONS REMARQUABLES || DES PLUS CÉLÈBRES ROMANCIERS || FRANÇAIS ET ÉTRANGERS. || CONTENANT 1100 ANALYSES RAISONNÉES, FAISANT CONNAITRE AVEC ASSEZ || D'ÉTENDUE POUR EN DONNER UNE IDÉE EXACTE, LE SUJET, LES PERSON- || NAGES, L'INTRIGUE ET LE DENOÛMENT DE CHAQUE ROMAN, || PAR EUSÈBE G******, || Tome Premier. || PARIS. || LIBRAIRIE DE FIRMIN DIDOT FRÈRES, || IMPRIMEURS DE L'INSTITUT, RUE JACOB, 58. || M DCCC XXXIX, page 115, lig. 29—31.

(6) LE || BIBLIOPHILE || FRANÇAIS || *Gazette Illustrée* || *des Amateurs de Livres, d' Estampes* || *et de haute curiosité* || TOME TROISIÈME || PARIS || LIBRAIRIE BACHELIN-DÉFLORENNE || 3, quai Malaquais, 3. || 1869, pages. 314—317, page 318, lig. 1—20, article intitulé (page 314, lig. 1) « UN VOYAGE DE » CASANOVA », et signé (page 318, lin. 20): « LORÉDAN LARCHEY. », pages 374—379, page 380, lig. 1—19; article intitulé (page 374, lig. 1—2): « UN VOYAGE DE CASANOVA || (*Suite et fin.*), et signé (page 380, lig. 10): « LORÉDAN LARCHEY. »

(7) ICOSAMERON || OU || HISTOIRE || D'EDOUARD, || ET D' ELISABETH || qui passerent quatre vingts un ans chez les || Mégamicres habitans aborigènes du Protocosme || dans l'intérieur de notre globe, traduite || de l'anglois par || JACQUES CASANOVA || DE SEINGALT VÉNITIEN || Docteur ès loix Bibliothécaire de Monsieur le comte || de Waldstein seigneur de Dux Chambellan || de S. M. J. R. A. || *TOME QUATRIEME.* || A Prague à l'imprimerie de l'école normale, pages 316—317. — LE || BIBLIOPHILE || FRANÇAIS, etc. TOME TROISIÈME, page 378, lig. 10—39.

« Je n'avois besoin de tourner ma roue » que deux ou trois fois pour faire naitre l'élec- » tricité, & toute la verge en étoit d'abord im- » bibée. Je suspendis devant le bout de la ver- » ge une feuille de papier à un cordon de chan- » vre sans qu'elle y touchât, et je tournai la » roue avec violence : le feu n'enflamma pas » la feuille, mais il la fit approcher, & après » s'éloigner : je fis la même expérience avec » une feuille d'or, & je vis le même effet : la » force répulsive étoit plus forte que l'attray- » ante.

» Curieux de voir où le phénomène pou- » voit aller, je pris un fil d'archal & je l'é- » tendis tout le long de mon parc, lui faisant » même faire plusieurs tours en rond dans l'éten- » due de plus de deux mille pas, le tenant sus- » pendu de terre avec plus de cent bâtons plan- » tés de distance en distance ; je mis à la roue » un tube de verre & je fis qu'un de mes pe- » tits-fils la tournât près du bout du fil d'ar- » chal. Je sentis étant à l'autre bout le feu é- » lectrique dans le même instant du tournoie- » ment de la roue, & je ne pûs pas me trom- » per sur l'instant car je le voyois.

» Je pensai à tirer tout le parti possible de » cette grande découverte : mais je voulus au- » paravant faire une autre expérience. J'élevai » une petite tour à la distance de cinq milles de » mon jardin, & je mis sur son sommet un » globe de plomb & au dessus un lit de souf- » fre, & un tube de verre : près du tube je pla- » çai la roue & le bout d'un fil d'archal, dont » l'autre bout étoit placé près d'une machine » toute pareille plantée sur la coupole de mon » temple : je suspendis vis-à vis de l'un, & de » l'autre de ces bouts des feuilles d'or. Après » cela j'accordai parfaitement ma montre à se- » condes avec celle de mon petit-fils qui avoit » beaucoup d'intelligence. Je lui marquai la » seconde à laquelle il devoit se tenir attentif à » l'observation des feuilles, & je lui ordonnai » que cinq secondes après qu'il aurait vu les » feuilles attirées, & repoussées, il tournât la » roue de toute sa force. Je me mis là où a- » boutissoit le même fil d'archal, & à la se- » conde accordée je tournai ma roue : cinq se- » condes après je vis exactement mes feuilles at- » tirées, & repoussées. Je me trouvai fort sa- » tisfait, d'avoir découvert que l'électricité a- » vait en elle-même un mouvement qui devoit » aller à l'infini sans que pour la procession de » ce même mouvement il y eut besoin d'une » mesure de tems. La vitesse au moins avec » laquelle le feu électrique alloit, devait être é- » gale à celle de la pensée, ou tout au moins » à celle de la lumière ».

Nous reviendrons plus longuement sur cet ouvrage et sur les productions rarissimes de l'auteur dans notre « ÉTUDE SUR JACQUES CASANOVA DE SEINGALT ».

APPENDICE

CASANOVA A SON ALTESSE ÉLECTORALE

(Premier brouillon).

Dresde le $^{31}/_{7}$ 1790.

Madame

Je soumets aux lumières de Votre Altesse ma duplication du cube. Si l'académie impériale, que votre présidence honore, juge ma découverte digne de son attention et utile au progrès des connoissances de l'esprit humain, je désire que l'Europe sache qu'elle lui a fait un gracieux accueil. Le corollaire ci-joint, Madame, est à la suite d'un plus ample traité qui ne peut pas être nécessaire à V. A. pour connoître l'infaillibilité den mon Hypothénuse qui démontre les lieux géométriques où ma racine octuple de celle du donné doit être coupée par deux moyennes proportionnelles légitimées par le diagonale seule tangente qui leur convienne. Cette découverte, Madame, m'en a procuré une autre.

Je démontrerai par une méthode qui ne s'est jamais présentée à la raison d'aucun géomètre le rapport déterminé de toutes les hypothénuses d'un carré ou d'un triangle droit avec le cercle dont l'Hypothénuse même est à sa naissance la génératrice. Je viendrai à bout de cette opération dépendante du tems plus que de l'esprit en moins d'un an, et je me verrai au comble de mes vœux, si V. A. aura la bonté de me faire savoir que son Académie ne dédaignera pas ma découverte.

C'est pour lors à V. A. même que je l'adresserai pour qu'elle soit couronnée par l'approbation de l'académie, si préalablement on la trouve digne.

La même savante académie n'aura pas besoin de mes corollaires pour voir d'un seul coup d'œil qu'une commensuration des Hypothénuses rendra la science de la géométrie parfaite.

Je demande pardon à V. A. si je ne m'explique pas davantage sur une opération inouie dont la nature me rend jaloux.

J'ai l'honneur d'être avec un profond respect, etc...

==

(second brouillon)

Dresda li 1 Agosto 1790

Altezza Serenissima Elettorale

Procuro col più riverente ardimento a questa mia geometrica fatica un onore che io in vano desiderai ventiquattro anni a Svezinghe.

Partii afflitto, ma ripieno di venerazione a quelle virtù che qualificano Vostra Altezza Serenissima note a tutta l'Europa e fino agli idioti che altro di lei non conoscono che l'illustre nome.

Appena presentata questa mia duplicazione del cubo al ser: pr: nella di cui capitale la pubblicai ne faccio l'omaggio anche a V. A. S., e spero che se fu approvata dall'uno non sarà neppur dall'altro sprezzata, brillando in ambidue le stesse virtù e amando entrambi i progressi dello spirito umano nelle scienze, e nelle arti . . . .

. . . . Il solo che posso bramare è che l'anino suo magnanimo riguardi il passo che fo ora con vera clemenza e che non voglio attribuirlo a vanità; quantunque non piccola sia la mia soddisfazione in vegendo che Dio onnipotente concesse a me ciò che negò da ventiquattro secoli in qua a tutti i geometri.

Sono col più profondo rispetto

Di Vostra Altezzà Serenissima Elettorale

==

FORMEY A CASANOVA.

à Berlin le Août 1790.

Monsieur,

Je suis fort sensible à votre obligeant souvenir, et à la confiance que vous me témoignez. Les obiets dont vous vous occupez ne sont point de mon ressort;

et l'Académie a declaré qu'elle ne recevra rien de ce qui se rapporte aux quadratures, aux duplications, et aux autres opérations semblables, qu'elle regarde comme chimériques. Il y a bien des années que l'Académie des Sciences de Paris fit la même déclaration. Cependant j'ai pris le parti de consulter un de nos meilleurs Géomètres, en lui comuniquant votre imprimé. Voici son jugement dont il a fort adonci les expressions; car j'ai bien compris qu'il ne trouvoit rien dans cet Ecrit qui méritât d'être censé géométrique. Cependant, Monsieur, Vous faites bien de vous occuper, sinon utilemenment, au moins agréablement pour Vous, et c'est tout qu'il faut dans la vie.

Pendant que Vous calculez à votre aise, les Puissances cherchent des approximations à une solution, etc. etc.

J'ai l'honneur d'Être avec la plus grande considération,

Monsieur

Votre très humble et très obeissant serviteur

FORMEY.

Conseiller privé du Roi,
Directeur et Secrétaire perpetuel
de l'Académie Royale.

JUGEMENT DU GÉOMÈTRE

cité dans la lettre précédente.

J'ai lu la feuille imprimée de Monsieur Casanova de Seingalt, qui a pour titre: *Corollaire sur la duplication de l'Hexaëdre*. L'auteur dit avec raison que des découvertes sans utilité ne sont pas d'une grande importance. Il peut être persuadé que les Géomètres estiment autant les découvertes des modernes, quand elles sont bien fondées, que celles d'un Anaxagore. On ne peut qué louer Monsieur Casanova, de chercher à embellir encore son séjour dans l'endroit le plus délicieux de la Bohème, en consacrant son loisir aux études. C'est avec raison qu'il préfère le laconisme à la prolixité. La beauté typographique et l'impression correcte de sa feuille font honneur à son bon goût, et sont une preuve de son exactitude.

A Berlin le 30 juillet 1790.

Abel Burja
de l'Acad.[e] Roy.[le] des Sc. et B. L. de Berlin.

— M. Charles Henry a fait tirer à part du « Bullettino di bibliografia e di storia delle scienze matematiche e fisiche » (tomo XV, novembre 1882) une étude très intéressante sur *Les connaissances mathématiques de Jacques Casanova de Seingalt.* Le fameux auteur des Mémoires n'a rien éclairci ni rien découvert en mathématiques; mais ses écrits scientifiques ne laissent pas d'être curieux; ils sont d'ailleurs ou inédits, ou, lorsqu'ils sont publiés, à peu près introuvables. Grâce à ses patientes recherches et aux renseignements que lui ont fournis MM. H. Brockhaus, le comte de Waldstein et le docteur Forstmann, M. Henry a pu donner le titre des écrits mathématiques du célèbre aventurier. Ils sont au nombre de trois, tous trois relatifs au problème de la duplication du cube : 1° *Solution du problème déliaque;* 2° *Corollaire à la duplication de l'hexaèdre;* 3° *Démonstration géométrique à la duplication du cube, corollaire second.* M. Henry donne, dans des notes copieuses et instructives — qui occupent les deux tiers de chaque page, — la liste des exemplaires de ces opuscules qui existent encore dans les bibliothèques publiques et particulières. En outre, dit M. Henry, il y a des réflexions mathématiques dans les deux écrits suivants qui n'ont jamais été publiés et qui ont été acquis par la maison Brockhaus : 1. *Essai sur les mœurs, sur les sciences et sur les arts* (120 pages in-folio); 2. *Rêveries sur la mesure moyenne de notre année selon la réformation grégorienne* (56 pages in-folio). Enfin, il faut ajouter à la liste des écrits mathématiques de Casanova une *Logarithmique* de son invention dont il parle dans son « Corollaire à la duplication de l'hexaèdre » et qui n'a pu être retrouvée dans les papiers de Casanova, à Dux, château du comte de Waldstein, dont l'aventurier était devenu le bibliothécaire. M. Henry analyse ces écrits de Casanova; il cite des remarques judicieuses et de sages réflexions qui se trouvent dans la *Solution du problème déliaque* et en particulier la conclusion de ce mémoire, intitulée l'*Esprit du géomètre;* on y rencontre des passages qui rappellent l'*Esprit géométrique* de Pascal. Ajoutons que M. Henry démontre, d'après une lettre que lui a adressée M. Favaro, que Casanova, quoi qu'il en ait dit, n'était nullement « docteur en droit ex utroque jure » de l'Université de Padoue. M. Henry prépare une *Etude sur Jacques Casanova de Seingalt* que nous attendons avec impatience.

Revue Critique. 10 déc. 1883.

Tablettes du Progrès

L'OLFACTOMÈTRE

Il n'est peut-être rien au monde de plus ténu, de plus léger, de plus fugace et de plus volatil qu'un parfum qui flotte, un relent qui vole. Cela se perçoit, sans doute, avec plus ou moins de précision et d'intensité, par l'intermédiaire d'un sens spécial; cela se sent, mais on ne conçoit guère, *a priori*, que cela se pèse. Le poids d'un parfum, n'est-ce pas là quelque chose d'hallucinatoire, de paradoxal, de mystique? Si l'épithète « impondérable » est à sa place quelque part, c'est en apparemment accolée au substantif « odeur ».

Et cependant, ce n'est là qu'une illusion.

Si impondérable qu'elle paraisse, une odeur a sa matérialité. Je n'en veux qu'une preuve, grossière et brutale peut-être, mais suggestive, c'est qu'une odeur s'évapore. Chauffez une substance odoriférante ou laissez-la simplement exposée à l'air libre : au bout d'un temps plus ou moins long, elle aura perdu son arôme. C'est donc que les réserves des essences balsamiques, qui agissaient chimiquement par l'entremise des nerfs olfactifs sur les centres sensoriels, ont fini par s'épuiser. C'est donc qu'il y a eu déficit.

L'odeur, en effet, procède par « émission ». C'est-à-dire que la substance odoriférante *émet* incessamment, projette, darde, irradie des essaims de particules qui se répandent dans l'atmosphère, où elles se perdent dans l'infini tourbillon des choses, sauf cependant quelques-unes, que les hasards des courants d'air transportent et fixent sur la muqueuse des fosses nasales des animaux et des hommes, pour de là monter au cerveau et s'y inscrire à l'état de sensations *sui generis*. Ces particules sont tellement petites qu'elles ne sauraient tomber sous nos sens, à l'exception du sens de l'odorat, organisé tout exprès pour les recueillir et les percevoir. Nul œil, fût-il armé d'un microscope à trois ou quatre mille grossissements, ne saurait les distinguer; nulle main ne saurait les saisir.

Il est, en particulier, certains parfums — le musc par exemple — si puissants, si pénétrants et si raréfiés, que leur évaporation continue ne paraît pas les affaiblir.

Il est pourtant certain que cette évaporation détermine et implique une perte de poids proportionnelle. Les effluves incorporés aux innombrables nez qui les ont humés, comme aussi ceux qui vagabondent dans l'air et ceux qui se sont déposés, à l'état latent, sur les rideaux, les meubles, les murs, les plafonds, les planchers, les boiseries, etc., ne sont point nés spontanément, par action de présence ou par l'opération du Saint-Esprit. Ces émanations supposent autant de particules détachées sans esprit de retour du foyer initial, du grain de musc, pour lequel ce divorce doit *nécessairement* se traduire par une perte de substance, c'est-à-dire, en dernière analyse, par une perte de poids.

Tel est le problème que s'est posé l'un des hommes les mieux en mesure de le résoudre. J'ai nommé M. Charles Henry, un physicien génial dont les travaux sur la genèse et le fonctionnement des phénomènes sensoriels, et, en particulier, sur la mécanique des couleurs, me semblent appelés, en dépit de l'indifférence dédaigneuse des générations contemporaines, à faire, tôt ou tard, époque.

M. Charles Henry s'est mis à l'œuvre, et, l'autre jour, il présentait à l'Académie des sciences un instrument nouveau, baptisé par lui l'*olfactomètre*, qui peut servir à déterminer le poids, par centimètre cube d'air, de vapeur odorante correspondant au minimum perceptible.

Cet appareil est fondé sur l'observation d'une forme de diffusion qui n'avait pas encore été étudiée jusqu'ici, la diffusion à travers une membrane flexible — une feuille de papier, par exemple.

On a constaté, en effet, que la diffusion à travers une membrane flexible diminue dans un rapport constant l'évaporation des liquides diffusés. On a constaté en outre que cette diminution constante est la même pour tous les corps.

Cela est si vrai, et le *processus* de l'expansion des odeurs est si bien ce que je viens de dire, que quand on veut désinfecter un local qui sent mauvais pour être resté trop longtemps clos, le plus simple, c'est d'ouvrir portes et fenêtres. Le courant d'air ainsi établi entraîne, en effet, au dehors les particules invisibles, mais odorantes, qui rendaient inabordable l'accès de céans...

En résumé, un objet ne sent bon ou mauvais que parce qu'il s'éparpille en minuscules fragments matériels, attestant en tous sens, à distance et à la ronde, sa présence et sa nature. Mais comme « donner et retenir ne vaut », comme toute soustraction suppose un déchet, il s'ensuit logiquement que toute émanation suppose une perte de poids et que toute odeur est pondérable.

Si nous n'avons pas encore réussi à peser les odeurs, il n'en fallait accuser que les imperfections de nos organes et la défectuosité des instruments qui les prolongent et les raffinent. Avec des sens plus fins, des balances plus précises ou des méthodes plus subtiles, on ne voit pas pourquoi on ne pèserait pas aussi facilement et aussi sûrement les effluves de vanille, d'absinthe, d'opoponax ou d'*assa fœtida*, que du beurre ou du charbon de terre. La science moderne a déjà trouvé le moyen de peser les astres géants qui errent, inaccessibles, à travers les solitudes infinies de l'abîme sans lèvres. Elle sait peser jusqu'aux ondulations lumineuses, qui sont pourtant, non plus comme les odeurs, des émanations matérielles de l'ordre émissif, mais des vibrations, c'est-à-dire quelque chose de quasiment métaphysique et d'éthéré. Pourquoi n'apprendrait-elle pas à peser les odeurs?

En conséquence, l'« olfactomètre » consiste essentiellement en un tube de verre gradué glissant à l'intérieur d'un tube de papier, qu'il découvre plus ou moins, laissant ainsi parvenir aux fosses nasales des quantités de vapeur qu'il est toujours facile de déterminer mathématiquement, grâce à la théorie.

Je ne puis entrer ici dans l'exposé en détail des procédés opératoires et des méthodes de calcul, la question étant vraiment par trop aride et par trop ardue pour les foules profanes. Qu'il me suffise de signaler que M. Charles Henry a pu réussir à surprendre ainsi au vol — c'est le cas de le dire — des minima perceptibles d'odeur variant, selon les sujets et selon les parfums, de un millième de milligramme pour un sujet avec le *wintergreen*, par exemple, à 2 milligrammes avec l'éther pour un autre sujet, c'est-à-dire comme de 1 à 2 millions. On ne se doutait guère, en vérité, des distances abyssales qui peuvent séparer deux nez.

Comme ces quantités perceptibles d'odeur croissent généralement avec le degré de plaisir que l'odeur étudiée procure au sujet mis en cause, il s'ensuit que l'« olfactomètre », qui est ainsi un explorateur infaillible des prédispositions et des préférences individuelles, va devenir indispensable au parfumeur. On essaiera une odeur à un monsieur — ou à une dame, — comme on essaie un corsage ou un chapeau.

Qui sait si l'on s'en tiendra là et si l'olfactomètre n'est pas appelé à rendre également des services insoupçonnés, par delà les frontières des officines de parfumerie, aux médecins, aux éducateurs, aux psychologues? D'une part, en effet, les parfums, considérés comme des antiseptiques, semblent tendre à reprendre dans la thérapeutique courante, tantôt sous la forme d'injections hypodermiques, tantôt sous forme d'inhalations, la place que leur avait assignée l'empirisme intuitif de nos lointains ancêtres. A ce compte-là, l'olfactomètre pourrait servir à reconnaître les idiosyncrasies individuelles et à diagnostiquer les tolérances et les contre-indications. D'autre part, il n'est pas impossible qu'il y ait une relation mystérieuse entre les goûts olfactifs d'un individu et son tempérament, son caractère, ses tendances, son état d'âme, ses vices innés et ses vertus profondes. Un Américain prétend bien juger les gens au style de l'usure et de l'avachissement de leurs vieilles chaussures, comme d'autres les jugent sur le type de leur écriture, la forme de leur nez ou les lignes de leur main. Pourquoi n'augurerait-on pas aussi sûrement de leur valeur intellectuelle, artistique ou morale d'après la nature et l'intensité de leur flair, « olfacmétriquement » mesuré à l'étiage de leur fleur ou de leur parfum de prédilection?

Raoul Lucet.

SOMMAIRE

Une Esthétique scientifique (1)

Vivre, c'est discerner les excitations agréables, et les provoquer, c'est discerner les excitations hostiles, et les fuir. — problème insidieux, multiforme et qui, en chaque instant de la durée, se renouvelle. Si délicates, si rapides, ces opérations ne peuvent s'effectuer que par la vertu d'une mathématique parfaite et inconsciente, hors de laquelle ne s'imagineraient ni conservation ni physiologie et qui prend un rôle ostensible dans les phénomènes d'instinct et de somnambulisme. Partant de faits de conscience dont la valeur est ensuite sérieusement critiquée, M. Charles Henry essaie de préciser les principes et quelques lois d'une telle mathématique. Sa théorie est générale et, par conséquent, gère l'esthétique. Jusqu'ici elle s'est plus spécialement dédiée à la ligne, à la couleur et au son.

Abstraction que la ligne. — synthèse de deux sens parallèles et contraires. Circonférence : synthèse de deux cycles concentriques, égaux et contraires. La DIRECTION, voilà qui est réel.

Les caractéristiques de continuité ou d'accroissement des fonctions vitales, de discontinuité ou d'arrêt plus ou moins rapide de ces fonctions, qui conviennent, d'après les définitions des physiologistes, à la dynamogénie et à l'inhibition, conviennent aussi au plaisir et à la douleur : cette remarque permet à M. Charles Henry d'établir entre le problème esthétique et le physiologique une solidarité féconde, et de les poser sous une même forme symbolique :

Quelles DIRECTIONS sont expressives du plaisir ou de la dynamogénie ? Quelles de la peine ou de l'inhibition ?

La conscience associe le plaisir et le maximum de travail à égalité d'effort subjectif avec la direction de bas en haut. Maintes expériences sur la variation de la force disponible d'un sujet suivant qu'il met en jeu sa droite ou sa gauche, dirige son bras en haut ou en bas, regarde un disque coloré tournant, dans sa partie supérieure, de gauche à droite ou de droite à gauche, comme aussi les recherches de M. Mendelssohn sur le trajet normal des réflexes — établissent que les directions de bas en haut et de gauche à droite sont dynamogènes, les directions de haut en bas et de droite à gauche, inhibitoires.

(1) CERCLE | CHROMATIQUE | DE | M. CHARLES HENRY | PRÉSENTANT TOUS LES COMPLÉMENTS ET TOUTES LES HARMONIES | DE COULEURS | AVEC UNE INTRODUCTION SUR LA | THÉORIE GÉNÉRALE DE LA DYNAMOGÉNIE | AUTREMENT DIT | DU CONTRASTE, DU RYTHME ET DE LA MESURE | Paris | Charles Verdin | Constructeur d'instruments de précision. | 7, rue Linné, 7 | 1889

RAPPORTEUR | ESTHÉTIQUE | DE | M. CHARLES HENRY. | NOTICE SUR SES APPLICATIONS A L'ART INDUSTRIEL, A L'HISTOIRE DE L'ART, A L'INTERPRÉTATION | DE LA MÉTHODE GRAPHIQUE, | EN GÉNÉRAL | A L'ÉTUDE ET A LA RECTIFICATION ESTHÉTIQUES | DE TOUTES FORMES. | Paris | G. Seguin, éditeur | Constructeur d'instruments de mathématiques. 14 rue Saint-Michel, 15 | 1888.

Nous symboliserons donc les excitations agréables ou dynamogènes par les directions de bas en haut et de gauche à droite ; les désagréables ou inhibitoires, par les directions de haut en bas et de droite à gauche.

Que les excitations intermédiaires aient pour truchements les directions intermédiaires, c'est-à-dire que le mode d'expression soit sans solution de continuité, on l'admettra après l'expérience des lorgnons à verres colorés.

Mais les couleurs sont dynamogènes plus ou moins, (effort musculaire des hystériques, perception des différences de clarté, courbes de croissance des végétaux, etc.) Projetons-les sur la rose des directions en faisant correspondre le rouge, le jaune, qui sont relativement dynamogènes, aux directions dynamogènes ; le vert, le violet, le bleu, qui sont relativement inhibitoires, aux directions inhibitoires : nous obtenons ainsi la première esquisse d'un cercle chromatique dont il faudra ensuite déterminer rigoureusement les éléments linéaires repérés avec chaque raie du spectre.

Pour justifier cette association de la couleur et de la direction, M. Charles Henry a machiné une expérience ingénieuse dont voici le bilan : avec un lorgnon vert-bleu ou rouge, on trace trop grandes les verticales, souvent d'1/8 du modèle (le tracé des autres lignes n'est modifié que par l'impureté des verres) Avec un lorgnon violet ou vert, trop grandes d'1/20 les obliques inclinées à droite. Un verre jaune motive des horizontales de gauche à droite trop grandes.

Nous avons donné à cette expérience un autre forme. Soient deux épreuves d'une même gravure japonaise estampées chacune de couleurs particulières : à l'œil et à main levée, nous reproduisons le tracé de l'une, puis le tracé de l'autre. Nos deux dessins, exécutés d'après deux tracés semblables, mais diversement polychromés, ne sont pas identiques : et les déformations que nous avons fait subir aux contours sont fonction des couleurs qu'ils parquent et concordent avec l'expérience précédente et avec la théorie. Inutile d'ajouter que la lumière, la position des sources lumineuses, la composition de l'ambiance, etc. ont été voulues permanentes, et que nous avions rigoureusement dosé par nos illusions de contraste l'état de nos forces avant et après chaque copie. Ces enquêtes faites nous n'étions pas en droit d'attribuer la divergence dans les résultats, à une perversion quelconque de notre état mental.

Bien qu'elles concernent des faits pathologiques, les observations de MM. d'Abbadie, Galton, Bertillon confirment précieusement la corrélation du nombre, de la couleur et de la direction.

C'est la théorie du contraste qui a permis de schématiser, par des points dirigés, les rapports exprimables en nombres entiers, comme ceux des longueurs d'onde des couleurs, théorie ardue qu'on nous excusera de taire, si séduisant qu'il soit de déterminer par son canal les oscillations de la fonction de complémentaire, le minimum perceptible visuel, l'étendue du champ de conscience, l'influence du nombre de pas à la minute sur la vitesse de progression, etc. Donc, d'après les élaborations de cette fonction subjective, à partir du rouge C figuré sur le rayon vertical supérieur, et de gauche à droite, chacun des points distants, sur le cercle chromatique, de 15° exprime, par rapport au précédent, un nombre de vibrations marqué par 1,072. Entre le rouge C et le violet G, figuré à 10° 51' 53" du rouge C, s'introduit le pourpre, qui est absent du spectre. Sur chaque rayon, la couleur est dégradée du blanc au noir à partir du centre, (la couleur spectrale étant située au milieu du rayon) ; sur chaque arc elle est dégradée de sa propre teinte à la teinte la plus voisine

Mais ce contraste n'est qu'une des trois fonctions émanant de ce principe : que l'être vivant représente inconsciemment et exactement toute variation d'excitation par des changements de direction de la force (marqués par ses pôles ou par ses appendices supérieurs et inférieurs, droits et gauches). Restent le rythme et la mesure. Peut-être, à première vue, les définitions qu'on va lire sembleront-elles difficilement conciliables avec les idées vulgaires sur ces objets ; mais ces nettes définitions, il suffit de les obscurcir, pour constater que tout le monde et M. Charles Henry par les mêmes mots désignent bien les mêmes phénomènes. Passons.

Le rythme est le caractère des représentations qui, par rapport à d'autres, sont l'occasion de mouvements dynamogènes. Son élément est donc un angle.

Mais le mécanisme idéal de l'être vivant est strictement assimilable au compas. A ce titre, il ne peut réaliser que les angles qui interceptent le côté d'un polygone régulier inscriptible au moyen du compas. De tels polygones, selon le beau théorème de Gauss, ont un nombre de côtés égal à une puissance de 2, ou à un nombre premier de la forme $2^n + 1$, ou encore au produit d'une puissance de 2 par un ou plusieurs nombres premiers de cette forme. Toute autre division de la circonférence est irréalisable rationnellement pour le compas (1) et, par suite, pour l'être vivant. Plus ou moins consciemment, cet être sera donc inhibé, ou empêché dans ses mouvements expressifs, à la suite de toute variation d'excitations dont le schème correspondrait à une telle section de circonférence. C'est le problème de l'inhibition ou de la douleur, de la dynamogénie ou du plaisir généralement résolu.

D'après ces considérations : le rythme est le caractère de tous les changements de direction déterminant sur une circonférence dont le centre est au centre du changement une division géométrique possible en mouvements continus, c'est-à-dire une division en un nombre de parties qui soit 2 ou 2^n ou un nombre premier de la forme $2^n + 1$ ou le produit d'une puissance de 2 par un ou plusieurs nombres premiers de cette forme.

Ces nombres sont, pour la première centaine : 1 (2), 2, 3, 4, 5, 6, 8, 10, 12, 15, 16, 17, 20, 24, 30, 32, 34, 40, 48, 51, 60, 64, 68, 80, 85, 96. Les veut-on pour la seconde centaine ? 102, 120, 128, 136, 160, 170, 192. Pour la troisième ?... M. Bronislas Zebrowski en a poursuivi la liste jusqu'à 8,589,934,590.

La mesure ne diffère du rythme que par la nature spéciale des représentations. Au lieu d'avoir pour élément un angle, nous avons pour élément un segment de droite.

Les définitions s'appliquent aux couleurs comme aux formes. Le rythme concernera les teintes, et la mesure, les tons.

Elles s'appliqueront à tous les excitants, dont on aura pu, par l'étude expérimentale et la connaissance des fonctions subjectives correspondantes, constituer les cercles de représentation. M. Charles Henry a soumis la sensation auditive à sa méthode. Nous attendons la symbolique des saveurs et des odeurs. La démonstration, jusqu'ici refusée par la science, d'une connexion entre les harmonies de tous les sens, nous l'avons enfin.

(1) Le compas ne la construisant qu'au moyen des coniques, descriptibles seulement par points ou discontinument.

(2) 1, parce que 1 = 2^0.

Sans calculs préparatoires, le RAPPORTEUR ESTHÉTIQUE et le TRIPLE-DÉCIMÈTRE ESTHÉTIQUE de M. Charles Henry permettent l'analyse de toutes formes et de toutes polychromies, et la réalisation industrielle de formes et de polychromies normalement agréables. Nous avons fait, avec ces instruments l'analyse de quelques tracés. L'une des QUINZE LITHOGRAPHIES DE G. W. THORNLEY D'APRÈS DEGAS, récemment publiées en album par Boussod et Valadon, nous laissa des résidus particulièrement savoureux et complexes.

D'une efflorescente œuvre d'art mathématique, où se peuvent revivifier toutes les sciences, voilà un aperçu maigre et fragmentaire. Que le lecteur veuille donc se reporter aux livres récents de M. Charles Henry. Il y trouvera autre chose que les coutumières anecdotes de laboratoire et le spectacle d'automatiques dislocations de chiffres.

FÉLIX FÉNÉON.

568. — Charles Henry. **Cercle chromatique.** Paris, Verdin, 1888, 168 p. in-12.
569. — *Id.* **Rapporteur esthétique.** Paris, Séguin, 1888, 22 p. in-12.

M. Charles Henry n'est pas seulement un mathématicien érudit à la production remarquablement facile et abondante ; c'est de plus un tempérament métaphysique exceptionnel. Il n'est pas possible, ici, et il ne m'est pas possible, pour bien des raisons, d'entrer dans le détail de ses théories et de ses appareils, ni même d'exposer sa méthode générale de réduction des faits physiologiques et psychiques à des lois schématiques d'ordre mathématique. Le détail des démonstrations m'échappe souvent, et le sens de cette langue symbolique, où tout les mots prennent une acception spéciale et inaccoutumée, ne s'ouvre pas à tout venant. Je me défie un peu de ce pythagorisme confiant, aux perspectives indéfinies, qui croit posséder dans son symbolisme mathématique, et dans la déduction *à priori,* ayant pour prémisse le schème général des fonctions physiologiques normales réduites à leur soi-disant squelette mathématique, la clef du secret des choses, ou du secret de notre connaissance des choses. Mais j'ai plaisir à y voir un essai d'explication idéaliste, c'est-à-dire immanente et logique, qui vaut par lui-même, et un essai de constitution d'une esthétique réelle et mathématique qui réclame, de la part des quelques gens qui en peuvent comprendre le prix, une étude attentive. Je crois plus volontiers aux tentatives de Herbart, de Zeising, de Fechner et des autres qu'aux rêves ambitieux de Pythagore, de Wronski, même de Leibniz. M. Charles Henry a le choix entre les spéculations de métaphysique mathématique qui lui vaudront l'admiration stupéfaite de la coterie symboliste [1], et les difficiles études d'esthétique mathématique, où il a fait ses preuves, et où il peut aller loin. Il a trop manifestement le sens du réel, c'est-à-dire des conditions de l'expression quantitative des faits qualitatifs, et des limites parfaitement définies de cette méthode, et il a à un trop haut degré le dédain du mot pour le mot et du nuage pour le nuage, pour qu'il puisse hésiter.

Lucien Herr.

www.ingramcontent.com/pod-product-compliance
Ingram Content Group UK Ltd.
Pitfield, Milton Keynes, MK11 3LW, UK
UKHW021027200726
13857UKWH00004B/1638

9 782012 896796